U0391274

民国衣裳

【旧制度与新时尚】

周松芳◎著

南方日报出版社
NANFANG DAILY PRESS

中国·广州

图书在版编目（CIP）数据

民国衣裳 ：旧制度与新时尚 / 周松芳著. — 广州 ：南方日报出版社，2014.12
ISBN 978-7-5491-1210-4

Ⅰ. ①民… Ⅱ. ①周… Ⅲ. ①服饰文化—研究—中国—民国 Ⅳ. ①TS941.12

中国版本图书馆 CIP 数据核字(2014)第 306550 号

民国衣裳——旧制度与新时尚

著　　者：周松芳
出版发行：南方日报出版社
地　　址：广州市广州大道中 289 号
责任编辑：周山丹　史成雷
装帧设计：邓晓童
责任技编：王　兰
责任校对：阮昌汉
经　　销：全国新华书店
印　　刷：佛山市浩文彩色印刷有限公司
开　　本：787mm×1092mm　1/16
印　　张：16.75
字　　数：200 千字
版　　次：2014 年 12 月第 1 版
印　　次：2014 年 12 月第 1 次印刷
定　　价：38.00 元

投稿热线：（020）87373998-8503　读者热线：（020）87373998-8502

网址：http://www.nanfangdaily.com.cn/press　http://www.southcn.com/ebook

目录

延伸阅读

辑二　对新时尚的规训与惩罚 / 077

延伸阅读

辑三　咸与维新，时尚摩登 / 143

延伸阅读

延伸阅读

前言 霓裳的追忆，时代的追寻

早年读沈从文，也曾跟着认为他解放后不写小说去做中国服饰研究太可惜了。稍长，更认同他继续写小说而没有去做中国古代服饰研究更可惜——毕竟他写小说之前，是只会文言不会白话的。而在传统文化中，服制从来就是大端，从垂衣裳而天下治到改正朔易服色，服制问题乃立国之头一桩大事。传统的大学问家们也常常注力于此，比如“深衣”问题，大儒黄宗羲就曾为此聚讼纷纭，而今人认其为旗袍鼻祖，则未免显得浅薄。再则，好的小说家，对于服饰与时代的关系，远比一般人的体认来得深刻细致。笔者寓目的民国服饰文献中，最美最有价值的还属最优秀的小说家之一张爱玲的《更衣记》。而从《更衣记》里，我们也可发现，民国记忆最堪追寻的，服饰居其一。

张爱玲在《更衣记》里说：“军阀来来去去，马蹄后飞沙走石，跟着他们自己的官员，政府，法律，跌跌绊绊赶上去的时装，也同样地千变万化。”一言就道尽了服饰与时代的关系。法国年鉴学派史学大师布罗代尔也说：“如果社会处在稳定停滞的状态，那么服饰的变革也不会太大，唯有整个社会秩序急速变动时，穿着才会发生变化。”可没有张爱玲这么生动。张爱玲还说：“时装的日新月异并不一定表现活泼的精神与新颖的思想。恰巧相反，它可以代表呆滞；由于其他活动范围内的失败，所有的创造力都流入衣服的区域里去。在政治混乱期间，人们没有能力改良他们的生活情形，他们只能够创造他们贴身的环境——那就是衣服。我们各人住在各人的衣服里。”对于女子服饰而言尤其如此：“（对于男人而言）衣服似乎是不足挂齿的小事。刘备说过这样的话：‘兄弟如手足，妻子如衣服。’可是如果女人能够做到‘丈夫如衣服’的地步，就很不容易。有个西方作家（是萧伯纳么？）曾经抱怨过，多数女人选择丈夫远不及选择帽子一般的聚精汇神，慎重考虑。再没有心肝的女子说起她‘去年那件织锦缎夹袍’的时候，也是一往情深的。”

服饰文化研究专家玛里琳·霍恩在《服饰：人的第二皮肤》里也说：“在那些保持妇女从属于男子的文化中，认可的服装样式在几代人中相袭不变，有时甚至是几个世纪。但是，当妇女拒绝接受这种无足轻重的地位，开始寻求和男子一样的平等身份时，就会发现妇女服饰的风格迅速变化。”哪有张爱玲的生动。而同是著名作家的法朗士的感慨则更令人会心：“如果我死后还能在无数出版书籍当中有所选择……我不想选小说，亦不选历史，历史若有兴味亦无非小说。我的朋友，我仅要一本时装杂志，看我死后一世纪中妇女如何装束。妇女装束之能告诉我未来的人文，胜过于一切哲学家、小说家、预言家及学者。”

如此，就让我们再回民国，追忆当年霓裳风情，追寻民国时代气息。后之视今，犹今之视昔。这种追寻，也有望让我们不要老是住在今天的衣裳里。

辑一

制度赶不上时尚的趟

在历史上，恐怕没有任何一个国家比中国更重视服制的问题。服制，其实为治术之一端。古代中国的历史是不断强化专制的历史，愈往后愈专制，至清而极，但清未终而极渐衰。因鸦片战争导致的外力侵蚀，不仅影响到权力结构的微嬗，比如新军的兴起；也冲击着旧的经济基础，比如洋货的输入。因此而出现的新军军服与舶来洋装等，也使严苛的服制露出了尴尬的破绽。

堡垒从来是从内部攻破的。在专制社会中，上层人物或者上层集团往往最先与潮流接轨，服饰亦复如是；当然是“只许州官放火，不许百姓点灯”。除了新军要求穿新式制服，其他沾新带洋的部门也跟着攀比，一些放过洋的格格贝勒更是为洋风所魅，不顾祖宗规制地洋装上身。这也还好，毕竟有制可循，时尚再尚也不过是制度岩石缝里的小草。

等到民国改元，革命仿如孙猴子捣碎了旧制度的五行山，一时城头变幻大王旗，制度无度，时尚便无方向地疯长——旧制度的旧瓶有时倒出了新酿的苦酒，新制度的新瓶有时倒出的却又是旧酒。制度赶不上时尚的趟，或者说制度赶不上时代的趟，表现在服饰上，那是怎样一种光景？比如服制建还是不建，或者建犹未建，在革命与余孽、传统与时尚间纷扰熙攘。时尚也染上革命与前卫、堕落与崇高的斑驳色彩。

“服之不衷，身之灾也”，在这五千年未有之变局当中，灾异丛生，服制与服饰也不例外。今人察之，有唏嘘，也有怀想。

朝未改，服已易

按照当下的历史分期，1840年后我们就进入近代了。朝廷未变，时代已改，胳膊扭不过大腿，服饰先于正朔而潜易。

这种改变，自然是源于效仿西人，而以广州为最早。如张焘《津门杂记》说："原广东通商最早，得洋气之先，类多效泰西所为。"所以，后来上海的成衣铺、估衣铺，必冠以"苏广成"："苏"取苏州的做工，"广"取广州的时新。但是广州僻在一隅，国人又往往作茧自缚视其为南蛮，故广州的新式，影响尚微。真正起影响得到上海开埠进入"苏广成"时代。

上海开埠后，在迅速成为远东国际贸易中心的同时，也因缘际会成为时尚的中心，"一衣一服，莫不矜奇斗巧，日出新裁"。其影响当然也就远非此前的广州所能比拟；北京、南京等地"妇女衣服，好时髦者，每追踪于上海式样"（胡朴安《中华全国风俗志》，上海科学技术文献出版社2011年2月）。而这种时尚形成的最直接原因却颇堪玩味：外因是西方的影响，内因却是妓女的需要：操皮肉生涯的，服饰吸引人是第一要件。徐珂的《清稗类钞》说："同光之交，上海青楼中之衣饰，岁易新式，靓状倩服，悉随时尚。"因此，"风尚所趋，良家妇女，无不尤而效之。未几，且及于内地矣"。连最受束缚的北京，也在偷偷地求变，如在袍袄立领的高低上，或花边的镶滚上，变些花样。到了咸同之间，妇女衣服上的滚条、道数便越来越多，号称"十八镶"，被人形容为"鬼子栏杆（即花边）遍体沿"。"鬼子"二字表明，这种改变源于西式衣裳，当然是间接地通过海上时尚影响而来。夏仁虎《旧京琐

《五千年妇女服饰演进》，《家》1947 年第 221 期

记》也说，比如像京华衣衫的袖子，原本“腋窄而中宽，谓之鱼肚袖，行时飘曳，亦有致。后乃慕南式而易之，则又紧抱腕臂，至不能屈伸”。这里的“南式”，当然也指上海之式了。

海上时尚之风，在风靡民间的同时，也渐渐拂及官府朝廷。本来，朝廷未改，易服不议。可是，晚清的朝廷却在一定层面上讨论起易服的话题，并在一定程度上付诸实践，可见时代大势变迁的力量。这也是中国服制史上空前的事情。最突出的事例有二。

一是戊戌变法的首领康有为于1898年9月5日上《请断发易服改元折》，正面提出断发易服。试想想，辛亥革命后，多少人都抗拒剪发，在当时提出断发易服，实在需要勇气。而最好玩的在于其理由：一方面要求与西方同步，与世界大同，因为“今则万国交通，一切趋于尚同，而吾以一国衣服独异，则情意不亲，邦交不结矣。且今物质修明，尤尚机器，辫发长垂，行动摇舞，误缠机器，可以立死。今为机器之世，多机器则强，少机器则弱，辫发与机器，不相容者也”。并进一步申说这一求同的原理在于，欧美人当年也和我们一样辫发长服，也有一个适时而改的过程，“百数十年前，人皆辫发也，至近数十年，机器日新，兵事日精，乃尽剪之，今既举国皆兵，断发之俗，万国同风矣”。然而，回过头来又说，西服其实也不好，所谓“西服未文”，不如我们传统的服制文彩焕然——西服的好处正在于它符合我们的古典理想：“衣制严肃，领袖白洁，衣长后衽，乃孔子三统之一。大冠似箕，为汉世士大夫之遗，革舄为楚灵王之制，短衣为齐桓之服。”所以，断发易服，乃是“发尚武之风，趋尚同之俗，上法泰伯、主父、齐桓、魏文之英风，外取俄彼得、日明治之变法”。真是千古奇谈，别说慈禧通不过，光绪也未必能接受。但是，种种高论，已使清廷感觉得到“不能以剃发不易服治其四境之内”（无妄《服色问题》，《大公报》1911年1月9日）了。

真正讨论断发易服的时机，其实也不远了。标志性的事件就是八国联军攻进北京的庚子事变。庚子事变后，清廷开始痛定思痛，有意真心改革了。这就进入了著名的“晚清十年”，也就引出了第二个突出事例：其时，军队易服之先，宫中已有兆象。1903年，德龄、容龄两位公主放洋归国，一时找不到合适的满服，西太后竟传旨说：“不必定穿旗服，甚愿汝等着西衣入见，可以考究西俗也。”

宫廷风吹，朝野草偃。在朝方面，为了“经武振军”，用西法操练新军，由练兵处“参酌成规，体察时势”，模仿日本欧美等国。《奏定陆军服制折》说：“凡制造各衣裤，必须舒展合体，于操作运动，务求利便，裁做宜酌采西式缝纫，务求坚实。”（《东方杂志》1904年第1卷第3期）军队易服引发了非军事部门的蠢动。1906年初，驻德公使孙宝琦上条陈希望外交官们能够穿上洋服：“各国外交官均有一定服式，如大礼服、半礼服、常服。中国于入觐时向以蟒袍为礼服，如遇吊唁，蟒袍殊觉不合行装，又觉不恭。且以衣服异，宜令人讪笑，一举一动，辄招指目……现在陆军衣服既改，可否饬下外务部参酌各国外交官服制，按照官级一律改更，回华后仍不准穿用。”（《外部议覆孙使条陈消息》，《申报》1906年3月20日）然而，晚清的变革，毕竟有许多权宜的成分，许多方面只允许适可而止，易服问题也是如此。孙宝琦的条陈自然没有得到清廷的批准。

在野方面，军服改制引发了广泛的社会舆论。1906年7月30日，《大公报》以“剪发易服议”为题征文，公开组织大规模的讨论，进

東方雜誌第三期

軍事　一百十

兵馬總數按年開具簡明清單併案彙報遇有核銷案件以備查考再各省改
巡警各軍暨水陸各鎮等營今據北洋大臣直隸總督袁世凱將北洋新軍常
三十年分河南巡撫陳夔龍將光緒二十九年分江西巡撫夏旹將光緒二十
運總督陸元鼎將光緒二十九年分雲貴總督丁振鐸將光緒二十九年夏季
部臣部按律詳核北洋常備軍各營練勇一萬八千四百九十名河南常備軍
百八十七名江西常備軍續備軍練勇水陸各營兵勇共九千五百零九名漕
勇一千四百二十三名雲南常備續備軍各鎮兵勇共一萬七千九百九十六
間有奏報到部並未造册者應令各該督撫將二十七年以後改練新軍速即
憑查核如由制兵改練並由防勇改練者均於册內詳細聲叙應新舊軍制有
命下之日臣部行知各該督撫一體欽遵辦理謹　奏光緒三十年十二月十
依議欽此

練兵處奏定陸軍服制摺

竊臣等於上年八月初三日具奏陸軍營制餉章一摺並於軍服制略內聲明
摺再奏仰蒙　允准在案亟應欽遵擬訂以副　朝廷經武振軍力圖自強之

《奏定陆军服制折》，《东方杂志》1905年第2卷第3期

一步引起舆论的发酵。于是有人认为中国早就该断然剪发易服，因此对军人易服表示支持——“幸哉幸哉，我国军人竟易服也”；同时又讥讽其易服而不断发——“怪哉怪哉，我国军人竟将发辫盘于头顶之上也”；进而要求扩大断发易服的范围——“惜哉惜哉，我国之易服竟只行于军人也”（于天泽《剪发易服议》，《大公报》1906年8月20日）。更有甚者，将断发易服与富国强兵联系起来，认为中国之所以不能与西方国家平起平坐，“实以剪发易服未断行”；俄国、日本的崛起，正因为“断发短装”，“大彼得仿之于前，明治行之于后”（王采五《剪发易服议》，《大公报》1906年8月30日）。

由于清朝立国，改色易服是男易女不易，加之传统女子地位低下，所以服色的改易原本是不会讨论到妇女，尽管其时尚西潮已经由租界青楼搅起风水。然而，先是由于维新派主将梁启超的鼓吹，认为“天下积弱之本，则必自妇人不学始”，“是故女学最盛者，其国最强，不战而屈人之兵，美是也。女学次盛者，其国次强，英、法、德、日本是也”。〔梁启超《变法通议•论女学》，李又宁、张玉法主编《近代中国女权运动史料（1842—1911）》，台北龙文出版社1995年〕在梁启超协助经元善于1897年创办了中国第一所女学堂——经正女学后，从此女学渐兴，女子校服问题也逐渐浮出水面。或许受此影响，在1906年晚清新政进入第二阶段时，慈禧也面谕全国兴办女学。《大公报》趁此东风，便进一步讨论起女服更易的问题，于1906年8月18日展开“中国女学生服制议”，女学生的装束问题一时竟被说成女学兴盛与否的关键，甚至达于国策的程度：“夫国家之强，必以兴女学为要领，而女学之盛，则以改服制为嚆矢，若然则女学生服制之议，固今日谋国者之主要问题也。”（刘仲元《中国女学生服制议》，《大公报》1906年9月7日）民间易服之议，至此达于高潮。民间服饰的更易，也开始万花纷呈，或曰乱象纷呈。

民国已建，服制未定

1912年元旦，中华民国在一片慌忙混乱中成立，并宣布："国民服制，除满清官服应行禁止穿戴外，一切便服悉暂照旧，以节经费而便商民。"次日通电各省改元，使用阳历。由此可见，正朔虽然改了，服色却易而未立——只是将清朝官服废除，新的国家服制却没有建立。这没有建立的原因，就是新的民国政府，不过是一个中学为体、西学为用的近代学徒，体的方面如何取舍，用的方面如何习用，都还是问题，体用融合更是个问题。因此，1911年12月27日，孙中山在会见各省代表会议代表时即已指出："从前改换朝代，必改正朔，易服色，现在推倒专制政体，改建共和，与从前换朝代不同，必须学习西洋，与世界文明各国从同。"这学，当然得有个过程。但是，无论如何总得有个表示，因为国虽然立了，革命却仍在进行中。为了应急，作为临时大总统的孙中山在1912年1月5日还是效仿当年的清廷，选择在军队方面展开易服行动，颁布了中国历史上第一个彻底的西方化、现代化的陆军服制——《军士服制令》。

先颁《军士服制令》，固是革命之需要，还有一个原因是有案可陈——剪掉辫子，在清朝新军服制上稍加改动则可。军外服制则需要完全更易，自非易事。关键是当时舆论倾向西化，而西装多用西洋布料，容易引发国人反弹。比如，服尚未易，《大公报》已惊天动地地于1912年1月12日刊发《易服以保存国货为要义》，要求"易服不易料"——"我国人民半恃丝绸以为生存也，安可弃其料而不用哉？"有鉴于此，临时大总统孙中山在1912年2月4日《复中华国货维持会函》中，便一

中國女子服飾的演變

張寶權

在他們一年一度，把幾十年來堆貯起來的衣飾取出曝晒的日子，來參觀一下中國家庭吧！砌積在過去生活奮鬥上的塵埃播落了下來，在黃色太陽光裏飛舞着。記憶如果有氣味的話，那末，這是樟腦的芳味，甜蜜而安適，像還味到的歡樂；甜蜜而孤單，像已是淡漠了的憂愁。你走進兩根竹竿中間的小徑，兩側垂着顏色鮮明的絲綢，宛如踏入了從過去風尚裏開闢出來的走廊。你把前額湊近剛才被日光晒熱，現在已是冷了的織金物飾上。太陽已經離開不滑的織金世界。

我們真難以相信，不到五十年前，這些飾物似乎顯示了一個無窮盡的世界。試想像維多利亞女皇的御極保持了三個世紀的漫長時期！一代一代的婦女穿着一種式樣的服飾，這便是中國在滿族治下，安定一致而極端的習慣。

二百五十年的定式

差不多有清一代（一六四四——一九一一），標準的服飾便是一套襖褂。襖的長度和大小相當於現代的Swagger Coat。領子非常低。大袖子和褂子顯出一種寬舒文雅的感覺。袖口寬約二英尺，到後來已稍縮減。全套服飾除穿在外面的大襖外，尚有「中襖」（祇在非正式的情況下，卸去大襖時才看見，）和緊貼身上的小襖，這是在床上穿的，普通都染作桃紅或水紅等顏色，很富誘惑性。在這許多衣服的外面，罩一件「雲肩馬甲」，因爲它的闊邊剪裁成雲卷的形狀，所以起了這個名辭。

一個理想中的中國女子，在這重重的衣飾下，身材纖小玲瓏，下斜的肩膀，凹陷的胸部，弱不禁風，這是女子最重要的性質。歷史告訴我們，即就是最光榮的德性——例如，偶然被陌生人看見了自己的手臂，便把全隻手臂砍下——在鄉間會非常受人稱揚，知識人士卻并不十分贊成，因爲一個女子在男子的鼻息中，不應該吸引人的注意，或是敗壞名聲。用這種方法來求取名譽的女子，尚且受人非難，要想從一向滑稽的服飾上翻花樣來吸引人家注意，那是更不容說了。

遇到舉行典禮的時候，穿在褲外的裙，定式非常謹嚴。大都用廣東綢紗或紗製成，顏色普通作黑色，遇到節日妻子穿大紅色，妾穿粉紅色。寡婦是禁用大紅色，但經過相當年份後，如果公婆在世的話，可以穿淡紫色或湖藍色。裙上有一百多條狹細的褶紋，用來試驗女子的美性。名門閨秀舉步非常謹慎端莊

新東方雜誌　五月號　中國女子服飾的演變　五五

《中国女子服饰的演变》，《新东方杂志》1943年5月号

方面说，服是要更的，但仅限于礼服。其实也只有精力弄弄礼服："礼服在所必更，常服听民自便，此为一定办法，可无疑虑。"另一方面也认同衣料的问题："去辫之后，亟于易服，又急切不能得一适当之服式以需应之，于是争购呢绒，竟从西制，致使外货畅销，内货阻滞，极其流弊，诚有如来书所云者。"

稍后，孙临时大总统让位袁世凯总统，1912年5月，袁总统即"体察民意"："令法制局博考中外服制，审择本国材料，参酌人民习惯以及社会情形，从速拟定民国公服、便服……议定分中西两式。西式礼服以呢羽等材料为之，自大总统以至平民其式样一律。中式礼

服以丝缎等材料为之，蓝色对襟褂，于彼于此听人自择。”（《袁总统饬定民国服制》，《申报》1912年5月22日）但是，民意并不放心。5月31日，在武汉救国会的成立大会上，便出现了过激事件：“随县程君玉佩以极沈挚之态度登台演说外洋衣帽畅销全国之害，说毕，即抽刀断指大书‘请用国货’四字，鲜血淋漓，张挂门外，一时鼓掌之声如雷。继又有一青年学生未及冠亦上台演说，语尤激烈，竟痛骂到会诸人之着外国服装者，说毕，亦抽刀断其一指，血书‘用外货不用国货亡国奴也’十一字。”（《汉口救国会断指悲剧》，《申报》1912年5月31日）这种悲剧，既有爱国爱民之情寓于国货的凝结，也有资本力量对爱国之情的役使——新时代的一大特征，毕竟是资本主义。在这种爱国主义与资本主义的纠缠中，服制的建立，也注定还须继续纠缠下去。

在种种纠缠之下，1912年10月3日，民国政府在左右掣肘中，颁布了一个简版的服制——《男女礼服服制》，但在使用国货问题上，较好地回应了当下的呼声：在男子礼服方面，大礼服料用本国丝织品；常礼服的甲种西式料用本国丝织品或棉丝品或麻织品，乙种褂袍式则向来不会用西式布料制作，自然是用国货丝棉料；女子礼服，基本上还是传统服制，不存在用洋布料的问题。问题是男子礼服，式样既为西式，却以国货丝织品制作，真是媳妇与公婆，难以两面讨好，实在是为难裁缝。故后面又专门就礼服用料问题补加了一条：“关于大礼服及常礼服之用料，如本国有相当之毛织品时，得适用。”（《中国大事记》，《东方杂志》1912年第9卷第5号）这等于是在暗地里开了方便之门：用毛织品做成衣服之后，你哪里辨得清用料是国产还是进口，广东早就在引进机器和原材料生产质地不错的毛织品了。

所以，嗣后陆续推出的《推事检察官律师书记官服制》（1913年1月6日公布）、《地方行政官公服令》（1913年3月15日公布）、《监狱官服制》（1915年6月14日公布）等等，就不再曲里拐弯说“如本国有相当之毛织品时……”，而是直接说“衣料要用本国丝织品或毛织品”。

这民国最初的服制还有一个无法避免的疏忽，就是“重男轻女”。两千年的传统，你以为冠上“民国”二字就可以一夜之间改变？如此便遭致激进妇女团体的抗议。较有代表性的意见是谈社英的《女子礼服足称制定耶》：“服制虽仅为形式上之关系，然国礼所系，不可不慎。”进而指出，参议院模仿西俗，对男子的大礼服、常礼服，日间服、夜间服以及帽子、鞋子都有讲究，但“对于女子，则不然，挟轻率藐视之见，草草制定，衣裙一仍旧式，冠履更付缺如，岂女子之于男子，不能平等有如是焉？无他，此正吾人无参政权之一棒喝也。夫女子，使能占一议席者，则于提议服制时，即可有所建议，不致如今之简陋不适于用矣。说者乃有以女子参政权为不急之务者，是真欲永久奴隶我女界耶。”（《神州女报》1912年第1期）

所以，这一切，都还只能算是临时的。而且，民国是谁的民国？孙的民国？袁的民国？北洋军阀的民国？还是蒋的民国？说起来话还很长。不同时期的民国，服制问题还在翻来覆去。比如大家最有印象的男女国服——中山装与旗袍，就是经过了多次反复后才非正式确立的。以中山装而论，北伐胜利后，1929年4月16日，第二十二次国务会议议决《文官制服礼服条例》，虽明文规定“制服用中山装”，但并没有得到很好的执行。一方面，这一条例本身就是急就章，是因为举行孙中山移葬南京的“奉安大典”需要统一服装而议定。另一方面，或许是当时政坛各位大佬权力都大，对于所谓的政策法律并不十分感冒，所以直到1936年2月，蒋介石以命令的形式，下令全体公务员穿式样为中山装的统一制服，中山装才真正正式成为全国公务员的统一制服。（《蒋院长令饬公务员穿制服》，《中央日报》1936年2月19日）而旗袍，则要等到1942年《国民服制条例》出台，规定“女子常服与礼服都仿如旗袍的改装”，才非正式确立。此时，已接近民国尾声。所以，旗袍被誉为国服，主要是江湖的力量而非朝廷的力量，而其确立的先后及正式与非正式之别，也显示出官方的男尊女卑之势。

至于打晚清以来，伴随时不时兴起的取缔奇装异服行动所颁布的种种服装规范，可谓特别版的民国服制，同时也堪称民国服制的乱象。比如旗袍向被视为国服，早期被讥嘲为民族光复服装复辟，后来

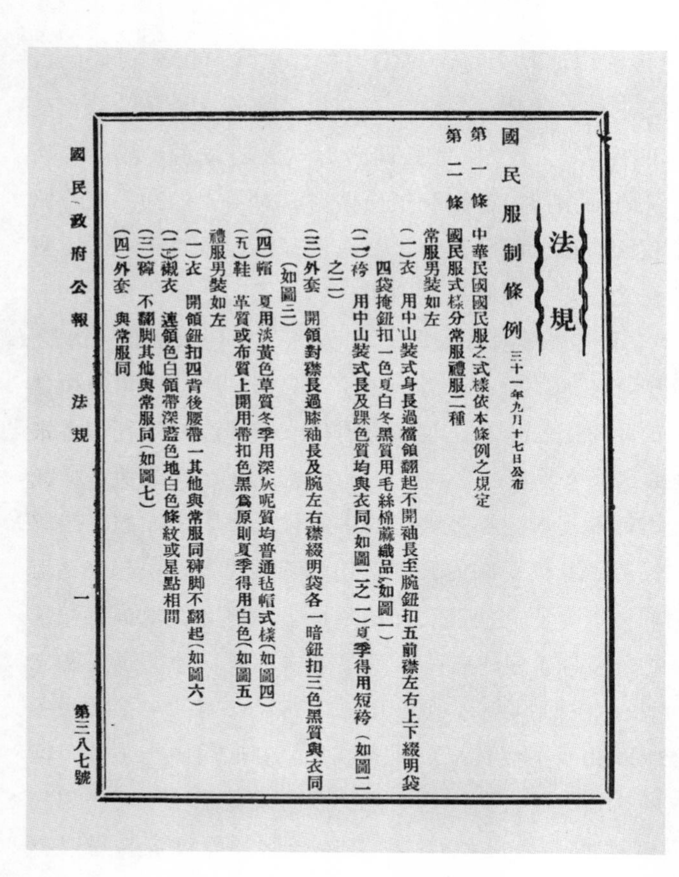

法規

國民服制條例 三十一年九月十七日公布

第一條 中華民國國民服之式樣依本條例之規定

第二條 國民服式樣分常服禮服二種

常服男裝如左

(一)衣 用中山裝式身長過襠領翻起不開袖長至腕鈕扣五前襟左右上下綴明袋四袋掩鈕扣一色夏白冬黑質用毛絲棉蔴織品(如圖一)

(二)袴 用中山裝式長及踝色質均與衣同(如圖二之一)夏季得用短袴(如圖二之二)

(三)外套 開領對襟長過膝袖長及腕左右襟綴明袋各一暗鈕扣三色黑質與衣同(如圖三)

(四)帽 夏用淡黃色草質冬季用深灰呢質均普通毡帽式樣(如圖四)

(五)鞋 革質或布質上開用帶扣色黑爲原則夏季得用白色(如圖五)

禮服男裝如左

(一)衣 開領鈕扣四背後腰帶一其他與常服同褲脚不翻起(如圖六)

(二)襯衣 連領色白領帶深藍色地白色條紋或星點相間

(三)褲 不翻脚其他與常服同(如圖七)

(四)外套 與常服同

國民政府公報 法規 一 第三八七號

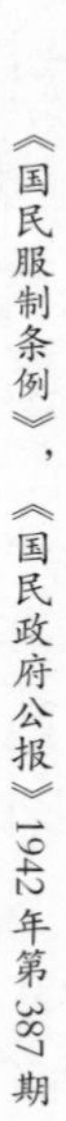

《国民服制条例》，《国民政府公报》1942年第387期

被孙传芳明令取缔过；蒋介石开展新生活运动，也对旗袍的剪裁和用料横加指点，有何国服风范可言？孔子说：“服之不衷，身之灾也。”国服之飘忽不定，国势之动荡低迷可窥也。或者，在新的时代里，原本就不该有什么国服之制。新中国建立之后，不就没有颁布服制吗？

中山装起源之乱

民国男女国服中山装与旗袍，皆予人变乱纷纭之感，这或许正是末代国服——此后迄今，再无明令定制的国服——的历史宿命。

先说中山装。首先中山装的起源，就众说纷纭，至今尚无定论。最主要的说法有两个版本。

一说为沪版。是说孙中山在日本活动期间委托华侨张方诚设计了中山装的草图，返上海后于1916年命荣昌祥裁缝王才运依图生产。这一说法是有支撑的。《申报》1927年4月20日第17版有一则软广告《中山装之盛销》说："南京路新世界对面荣昌祥，为制造中山装之首创家，手工既能讲究，式样又极准确，现应潮流之趋势，欲求普及起见……"在国民革命军业已进占上海的情形下，敢如此大做广告，自然是有底气的。如此，沪版的另一支流，说是1919年孙中山将自己穿过的日本陆军服拿去上海的亨利服装店改为便服，成为后来的中山装，则殊不足道了。

另一说为粤版。据说是孙中山1923年在广东任中华民国军政府陆海军大元帅时，以当时南洋华侨中流行的"企领文装"上衣为基样设计，在从1902年在河内筹组越南兴中会时即追随他的老裁缝黄隆生的协助下，制成了第一套中山装。这一说法大体可信，细节未必可信。孙氏为广东人，广东人向来视南洋为第二故乡（陈嘉庚在其回忆录里亦有如是表示），南洋企领文装与广东便服十分近似，因此产生一种广东版的中山装自然比较靠谱。再则，上海版也并未为人广为接受，反而粤版渐获人心。《北洋画报》1929年5月14日第318期有一篇妙观的《中山装之起源》谈到："昨晤自南来某要人，为述民党制服之起源，始恍然于所谓代表三民五权等说，均属牵强附会。某之言曰：

‘昔先总理在粤就大元帅职后，一日，拟检阅军队，欲服元帅装，则嫌其过于隆重不适于时，西服亦无当意者，正检阅行箧中，得旧日在大不列颠时所御猎服，颇觉其适宜，于是服之出，其后百官乃仿而制之，称之曰中山装，至今式样已略有变更，非复先总理初时所服者矣。’云云。某君随侍中山多年，其说当不虚也。”

其实，更为靠谱的，应当是中山装源于学生装。初期的学生装多仿效日本学生装，而日本学生装用的是日本海军装，日本海军装是学的欧洲军装。孙中山在日本多年，喜欢穿日本学生装，与中土的学生装也差不多。故1926年11月，广东人执掌的《良友》画报出《孙中山先生纪念特刊》时，刊登的孙中山照片的介绍就径说：“先生喜服学生装，今人咸称为中山装。”因为在那个时候，社会上的认识是将二者混等的。如《申报》1926年5月5日第21版消息《三友实业社职员改装》：“其服制分甲乙二种，甲为中山装，即学生装，乙为世界装。”甚至在一些重大时政新闻中，也作如是观。《申报》1928年7月19日第8版《蒋昨续在北大讲演》说：“今日九时半，蒋学生装到北大对各界讲演，听众千余，首讲打倒军阀……”作为孙中山的“继承人”，蒋介石穿的当然是最正宗的中山装，可是报章也直书其为学生装。

方此之际，中山之名已经正大光明之极，而中山装却还是名不正言不顺，真是有点乱，有时还乱得充满血腥。

中山装坎坷国服路

北伐成功，国民党执政，确立了“三民主义”教育宗旨，便开始以“主义”之名行专政之实。本来，资产阶级专政难，能在中国实行资产阶级专政，也是中国特色。“主义专政”的一个标志是推行孙中山崇拜，其表象之一则是中山装的制服化，开始还要求是国产棉布的中山装制服。如1928年3月，内政部就要求部员一律穿棉布中山装（《薛内长的谈话》，《中央日报》1928年3月28日）；随后，南京市政府也规定职员“一律着中山装”（《中央日报》1928年4月9日）。再下来，到1929年4月，国务会议议决《文官制服礼服条例》，就正式将中山装列为政府制服，并进一步规范其外形款式并明确其意涵：四口袋喻意礼义廉耻，胸五粒纽扣（初七粒）喻意五权，袖三粒喻意三民。

资本主义尤其是“三民主义”的资本主义，口号是民主的，走向专制得慢慢来，对于中山装的推行也是如此。开始推行时，党内党外，在朝在野，都难以严格执行。民间基本上把中山装当作时装来对待，兴盛了一段时间，便落潮消歇。如《北洋画报》1931年第722期曲线怪《时装漫谈》所谓：“一两年前，中山装极盛行，今则渐渐消灭，于以见革命尚未成功，于服装上殆成谶语。近今男子服装，以穿皮靴马裤为最时髦，在穿者以为可以唬人——亦一怪事。”所以，1930年外交部条约委员周纬便重提“行政改革新数事”案，要求“明令政府机关及学校人员，职无大小，一律改着中山装”。而对于学校的推行，尤其审慎。在蒋镜芙1931年编的《新中华社会课本》里我们看到，中山装被称作“完美的衣服”，从审美的角度来诱导学生穿着。

总的来说，在那个年代，中山装的政治符号大于身体符号。比如1928年张学良东北易帜，规定东北各级机关人员一律着中山装，作为“统一已成，政治及应划一”的体现。（《奉系军阀档案史料汇编》第8册，江苏古籍出版社1990年）冯玉祥“归顺”老蒋后主政河南期间（1927年6月—1929年5月），对于推广中山装更是不遗余力，规定开封政界一律改服中山装，各官厅内，不准长衣人出入，结果至于女界也剪发穿起了中山装。更能说明问题的是，在财政紧张发不出工资，职员做不起中山装时，就由各机关代做，把穿衣的位置放到了吃饭之上。（李元俊主编《冯玉祥在开封》，河南大学出版社1995年）

而最值得提出的是，中山装最政治化的时期是在国民党正式大力推行中山装之前的国共合作时，那时穿中山装，被视为革命激进的表现，共产党人以及国民党的左派，尤其喜欢穿着。所以1927年国民党“清党”时，据日本东洋文库保存下来的一份“清党”文件中记载，由于合作合到谁是共产党谁是国民党都难以分清，“清党”运动不得不扩大化。在广州的一次“清党”行动中，军警便将凡是穿西装、中山装和学生服的以及头发向后梳的，统统予以逮捕，许多国民党人也因此送了性命。看来，孔夫子说得对：“服之不衷，身之灾也。”服装被当成了道具，人就遭了灾遇。

如果北伐成功是一个新民国的开始，那1929年颁布的服制条例也就算新朝的服制条例。但是，各地军阀依然坐地成势，党内派系统合孔艰，太多乌合的气息，中山装的国服之路仍然道阻且长。且不说民间，光是党国机构，执行起来就拖拖沓沓的。这从有关官员和机构不断提出的关于服制问题的议案等就可见出。

1933年1月，国民党中执委陈肇英提出《重厘服制严用国货案》，认为男女服装多用洋布制作，导致“利权外溢，风俗内偷，为立国之大病”，要求“重厘服制，以定人心，顾及本源，以崇国货……文职公务员、党员须一律着用国货中山装”。（《国立中央大学日刊》1933年3月1日）而行政院的批复是，除党员服装须党务系统批准外，其余均穿中山装。党员反而例外了，非党员如何肯好好地执行？比之1929年的服制条例，可谓中山装在国服道路上的倒退。

法治不行，只有靠人治。一些强势的封疆大吏，倒能有效推进中山装的地方国服化。如1934年陈仪“入主闽政，公务人员均先后加以训练，中山装风行一时”（《崇安县新志》，1942年铅印本）。前述冯玉祥主政河南时，推行中山装也是不遗余力，首府开封更是全城中山装。

1934年，蒋介石开始推行新生活运动。借着运动的势力，各地一方面取缔所谓的奇装异服，一方面推行中山装，堵疏结合，双管齐下，效果才得以显现。如1935年南京特别市政府规定，“办公时间内一律穿着制服”——中山装，且质料“必须国货”，严厉“取缔奇装异服”。江西省政府则颁布《江西省公务员制服办法》，中山装成为

全体公务员的统一着装，也规定“制服质料，以本省土布或国货布匹为限”。（《赣省府研究整齐公务员服装拟一律中山装》，《中央日报》1935年9月9日）国民政府教育部也专门规定“学校教职员服中山装为原则，但颜色式样须一律”；同时规定学生也必须“衣裤中山装”，“帽徽用青天白日党徽”。（《教育部订定的高中以上学校军事管理办法》，中国第二历史档案馆编《中华民国史档案资料汇编》第5辑，江苏古籍出版社1991年）

就在运动的大力推进中，1936年2月，国民政府出台《修正服制条例草案》，再一次明确中山装为男公务员制服，中山装的国服地位终于修成正果。

然而，好不容易修得的正果，却再一次被血腥搅局。国民党要以军事化的手段推动穿中山装，日本人则对穿中山装的人进行军事化的打击。1933年1月，日军攻入山海关城后，“大肆搜捕，凡着中山装者杀，着军服者杀……”（郭述祖《长城抗战第一枪》，《中华文史资料文库·政治军事编》第3卷，中国文史出版社1996年）。在全面侵入华北后更是如此，凡遇到青年男子穿中山装、学生装者即予杀死。（李恩涵《战时日本贩毒与“三光作战”研究》，江苏人民出版社1999年）1945年，日军侵入赣南，在江西省兴国县20多个村庄疯狂杀戮，“穿中山装制服、理平头或西装头的青年人”，成为“他们重点屠杀的对象”。（黄健民、肖宗英《日军入侵兴国罪行录》，《党史文苑》1995年第10期）

经此一厄，沦陷区的人们便不再穿中山装，“‘长袍马褂’又卷土重来，中山装反存之箱箧”。

中山装的负累

在中山装国服运动中曾经出现了让孔子也穿中山装的过火现象："浙江诸暨某校，悬挂孔子遗像，衣服作中山装。记得孔子曾经说过：'麻冕，礼也……吾从众'。现在大家都穿中山装，根据服从多数的意义，那孔子自然有改穿中山装的必要呢！"（血滴《孔子穿中山装》，《中央日报》1929年5月6日）

孔子都要从众穿中山装了，一般需要讲求政治正确的国民党员、公务员，怎么能不穿呢？问题是，中山装的缝制相对于传统布衫而言工艺要讲究不少，而且其用料为呢料，因而成了一种相当奢侈的服装。国民党或许太穷或许太清廉，又不能将中山装用财政保障其制服化，弄得好多小公务员为了穿上一身中山装，潜藏了一把一把鼻泪辛酸。《论语》1948年第154期皇父一《定做中山装记》说："佛要金装，人要中山装"，自己穿一身英国料的长衫，吵架都吵不过穿美国料中山装的同僚，而做一身中山装得二百一十万元法币，自己月薪才九十万元，最后没办法，只好把母亲卖掉祖屋给妻子治病的钱都拿出一大部分，才如愿以偿定做了一套像样的中山装。国民党的《中央日报》1946年10月24日也刊发《寒风处处催刀尺》的消息说，"一月薪津，半套中山装"，描写为了穿中山装的辛酸不易。

中山装的风行，自然也成了"段子"——日常报刊弹词的主题。著名报人熊伯鹏就写过一篇很好玩的小品文《只偷衣服未偷人》，说某君赊账制作了一套中山装，孰料被偷，便极大阵仗地请"福尔摩斯"帮助寻找。（熊伯鹏《糊涂博士弹词》，湖南人民出版社1987年）

有人偷潜辛酸，有人笑逐颜开。国民党这种资产阶级专政的运动的结果是，在坑了一大批小公务员小老百姓的同时，却发了一大批生产中山装的资本家，尤其是布料供应商。由于中山装原则上要用国货的限制，除了少数人士可穿或穿得起前述美国呢料的中山装外，绝大多数人穿的是国产呢料中山装，还称这种呢料为“中山呢”。据王培棠编《江苏省乡土志》记载，纺织名区江苏1936年有102家棉纺织厂，产品皆以中山呢为主，远销全国各地。其他各地，如四川巴中、山东平度、广西桂林等的纺织工厂，也大量生产中山呢，河北省高阳县主要的纺织品就是中山呢。（吴知《乡村织布工作的一个研究》，商务印书馆1936年）各地报章也在大做中山呢的广告，如《申报》1928年3月3日有一则广告就称中山呢“质料坚固，鲜色齐备，极合裁制各项服装”。

这种只能用呢料来做的中山装所造就的资本家占尽消费者便宜的资本主义，就是坏的权贵资本主义，这种坏的资本主义反过来也影响了中山装作为国服的前途和命运。只有到了社会主义的新中国，布料做的中山装才可以人人得而穿之，只是此时它已不能被称为国服了。

驱逐鞑虏，恢复旗袍

在民国服饰史上，旗袍是最惊艳的一笔糊涂账。

一

民国肇兴，革命党“驱逐鞑虏，恢复中华”的口号迎风猎猎，可反讽的是，不久就兴起了旗袍。曹聚仁说：“前清亡而旗袍兴，这也是我们这个时代的大变化。”（曹聚仁《上海春秋》，三联书店2007年）然而，这一变化的内容及过程，至今纠缠不清，认为旗袍是一种新式服装，与清朝旗装没有多大关系的观点逐渐占了上风。这种观点或观念的形成，不过是割断历史、一叶障目的结果。如果从旗袍成熟时期20世纪三四十年代来看，当然可以作如是观。问题是，旗袍是一天变成这样的吗？

大家或明或暗最喜欢引用的关于旗袍起源的文字是张爱玲的《更衣记》：“一九二一年，女人穿上了长袍。”是的，汉民族的传统是上衣下裳，裳外再加裙而已，袍是爷们的专利，娘们够不着。张爱玲也说：“在中国，自古以来女人的代名词是‘三绺梳头，两截穿衣’。一截穿衣与两截穿衣是很细微的区别，似乎没有什么不公平之处，可是一九二〇年的女人很容易地就多了心”，也想着要穿一截的袍子。“五族共和之后，全国妇女突然一致采用旗袍，倒不是为了效忠于满清，提倡复辟运动，而是因为女子蓄意要模仿男子。”

其实，汉族女子之想穿袍子，并没有等到1921年，起初也不是“蓄意要模仿男子”，实在是因为这满族妇女之袍乃贵种的象征，不由得你不意淫般地想模仿一番。如申左瘦梅生的竹枝词：“簇新时派学旗装，髻挽双双香水香，拖地花袍宫样好，宽襟大袖锦边镶。”（陈无我《老上海三十年见闻录》，上海书店出版社1996年）就描写了近代上海民间女子模仿满人穿旗袍的情形。女子如此，男子亦然。当然敢于模仿还得等到晚清式微之际，而且也只有在上海租界才敢。《申报》1946年10月7日特稿《上海妇女服装沧桑史》说：“据光绪十四年出版之《游沪笔记》中，有下列一段的记载：‘洋泾浜一隅，五方杂处，服色随时更易……女则效满洲装束，殊觉耳目一新。’”味灯室主人的《沪北新乐府•红风兜》则对这种现象加以讽刺：“绛云朵朵飞街头，十人而九红风兜。风兜虽红镶似锦，捐票官阶非极品。虽非极品，已非小民。职方如狗都督走，朝廷名器无乃轻。况复红为妇人女子服，非官而红反嫌辱。不嫌辱，威风足。赢得乞丐呼老爷，乡愚见之亦瑟缩。”（葛元煦《沪游杂记》，上海书店出版社2009年）

如果说那时候的旗袍与后来的旗袍算不得一回事的话，曹聚仁的说法总应该值得重视：“旗袍的产生，大约在1914年到1915年间，风会的中心，就落在上海这个东方城市上。旗袍的式样，年有不同，它是从满清女子的服装发展出来的新鲜式样。最初是以旗袍马甲的形式出现的。即马甲伸长及足背，以代替原来的裙子，加在短袄上。到了北伐军北进，旗袍就风行一时。”

有意思的是，在汉人效仿旗装老早以前，“旗下的妇女嫌她们的旗袍缺乏女性美，也想改穿较妩媚的袄裤，然而皇帝下诏，严厉禁止了”。（张爱玲《更衣记》，《古今》半月刊1943年第36期）等到汉人可以穿旗装了，也就意味着旗人可以穿汉装；汉人的旗装还没有大兴，旗人对旗装早已弃如敝屣：“北京街头不见梳大板头装束的妇女，不是从一九一二年元月一日孙中山先生在南京就任中华民国第一任大总统时开始的，而是从一九二四年（民国十三年）十一月五日，溥仪被逐出紫禁城开始的，在北京几百年来旗人妇女梳大板头的风气，到这时根本绝迹了。”（肖伯青《旗袍六十年》，《旧京人物与风情》，北京燕山出版社1996年）

时代乱，时尚也乱。

二

旗袍最初虽是以贱效贵，后来像张爱玲等力主旗袍的产生是因为时代的召唤，女子蓄意要模仿男子，然而它有一个客观的实用的效果，即保暖。一袭的长袍，总要比两截的衣和裳暖和不少，而且也方便不少。所以，最初的旗袍都是冬装外套——现在突出线条的旗袍，只是一种特别的夏令连衣裙而已。李寓一说："外套之形式有一口钟、旗袍、大衣三种，先专为冬季御寒之用，近则秋季亦用之，相习既久，遂流为妆饰。惟其中一口钟多为妓女所着，上等妇女则穿旗袍与大衣。"权柏华先生则认为一口钟与旗袍属于同一制式，只是称呼不同罢了。"民国成立前几年，（妇女）皆效男子外着皮氅大衣；近数年来，又改用合衫——又名一口钟——及旗袍，内袭细茸皮毛，外则用极艳丽之绸缎，此等服装概为御寒起见。"（《二十五年来各大都会妆饰谈》，《先施公司二十五周年纪念册》，先施公司1924年编印）上海《民国日报》1920年3月30日朱荣泉《女子着长衫的好处》对旗袍的功用做了很好的总结：一是便利（上衣下裳，太不便当；长衫一件便够，省时省力）；二是卫生（冬天上下都暖，夏天比裙凉）；三是美观（比衣裙好看）；四是省钱（省布省钱）。还有一层，就是女子剪了发，着了长衫，便与男子没什么分别，男子看不出是女子，就不起种种坏心思了。或者女子在社会上的位置，更高得多呢。

即使到了旗袍广泛流行的20世纪20年代，它还保持着这一功能。《申报》1925年12月21日第17版徐郁文的《衣服的进步》说："到了民国十年，我们女界多风行旗袍，旗袍一行，我们女界到了冬天可便宜得多了。"著名作家周瘦鹃也说："（1925年）上海妇女无论老的、小的、幼的，差不多十人中有七八人穿旗袍，秋风刚刚起，已有人穿起旗袍，为美观起见，不妨从夹衣穿起，而为棉，为衬绒，为驼绒，为毛皮。"（周瘦鹃《我不反对旗袍》，《紫罗兰·旗袍特刊》1925年第1卷第5号）所以，像当今的名流如赵珩在新撰的《旗袍与西装》一文中说："旗袍悄然兴起。与其说它是在满族原有旗装的基础上做了大胆的改良，毋宁说是一次十分了不起的女性服装革命。旗袍得以跻身于世界服装行列，成为具有鲜明特色的东方女装。”实在是说得太混搭。

再从旗袍形成的过程，也可说明旗袍绝非什么革命性的服饰。许多论家熟视无睹的大量材料表明，旗袍“最初是以旗袍马甲的形式出现的”，即先是将原来罩在短袄上的马甲拉长，称为旗袍马甲，直至与短袄合一，最后就成了旗袍。（屠诗聘《上海市大观·下》，中国图书杂志社1948年）曹聚仁、包天笑等诸家均作如是观。

三

旗袍形成过程的另一面，即所谓模仿男子服装，准确地说，直接模仿满洲女子服装，间接模仿男子服装，也表明旗袍产生的沿袭性而非革命性。《新东方杂志》1943年5月号张宝权的《中国女子服饰的演变》说：“长袍本来是满洲女子的土著服装，为了纪念八旗兵，才称做‘旗袍’。”此说颇在理，所以旗袍“式样很富男性感觉”。而汉族男子的服装，也是从清朝起始，才告别上衣下裳，穿起旗式的袍子，就像我们今天说一个男人像北方人一样，具有了粗砺的男子汉气概。也就是在这个时候，男女服装在上衣下裳这一最悠久的共性上有了分野。故“当男子受人攻击的时候，他会拍拍胸膛，申辩‘他不是穿节头衣服的人’，这就是说他不是女人”。

在很长一段时间里，旗袍都予人以男性化的感觉，称谓也有称为长衫或简称为袍的。如广州《民国日报》1926年2月3日抱璞氏《长衫女》说：“乃近一二年，穿长衫（旗袍）之女界逐渐增多，递至今日在广州市通衢大道之中，其穿长衫之女界，触目皆是，长衫女人大有与长衫佬抗衡之势。”又如萧继宗《新生活运动史料》说：“民国十五六年间，时当国民革命军北伐前夕，妇女着袍之风渐盛，然款式多保守，腰身概取宽松，袖长及腕，身长在足踝以上。因其近似男装，当时只有时髦的妇女勇于尝试。”（《革命文献》第68辑，台北国民党中央委员会党史委员会1975年）即便在美感上很认可旗袍的周瘦鹃先生，着眼的却是旗袍的男性美：“妇女的装饰实在以旗袍为最好看，无论身材长短，穿了旗袍，便觉得大方而袅娜并且多了一些男子的英爽之气。”（周瘦鹃《我不反对旗袍》，《紫罗兰•旗袍特刊》1925年第1卷第5号）

当然，后来以秋瑾这种英雌为代表的女子，受到时代氛围的影响，着力效仿男装，固然也有。但是，这毕竟有违男女有别之天然人性，旗袍终归要走向女性化。这一重要契机的到来，即西式收腰装袖等工艺的引入。这样，旗袍就发生了革命性的变化，从前效仿旗妇“既大且宽，足以御寒也便于上马驰纵”的旗袍，变得“既长且窄，衩子极低，仅足够表现窈窕婀娜，闲雅斯文，于做事走路，都不相宜”。（碧遥《短旗袍》，《上海妇女》1941年第12期）大约到1934年左右，旗袍从革命回

身穿旗袍的民国女明星徐来

归古典，既摆脱西化的模仿，也摆脱旗妇的模仿，成为时人吁求的“祺袍”或“中华袍”（《袍而不旗》，上海《民国日报》1926年2月27日）：“去年，中国都市社交界中，盲目的模仿西装而制成的晚装，曾成为时装的中心，可是1934年的趣味，无疑的是摈除着模仿式的倾向而渐趋于在我国原有的旗袍美上发展了一部西服之特点者。”（《三四年趣味》，《妇女画报》1934年第17期）

与此同时，象征勇武的男子旗袍——旗兵之袍——却在新的时代里，变成了文雅之袍，甚至文雅到酸腐如孔乙己的长袍。再后来，男人穿长袍，就仿佛女人穿裙子一般，具有女性的特征了；曹聚仁解放后陪香港的长袍客人到汉口去，就这样被围观过。而到这个时候，男长袍与女旗袍，均仿佛汉民族服装千年精华的代表。

旗袍的潮与嘲

由于历史的吊诡，旗袍在演变过程中，一方面时时予人以新潮之感，另一方面又被人大加讥嘲。而这种讥嘲，正显示了旗袍漫长的演变之路及其成为国服的艰辛之途。

第一重讥嘲，当然是来自其名所系的以汉效满。如北京有竹枝词说："髫鬟钗朵满街香，辛亥而还尽弃藏。却怪汉人家妇女，旗袍个个斗新装。"（雷梦水《北京风俗杂咏续编》，北京出版社1987年）另有一首竹枝词说："休怪张勋思复辟，文明女子学旗装。"（少芹《女子解放竹枝词》，《小说新报》1920年第3期）笔法更加高妙辛辣。而到了20世纪20年代中后期，旗袍已经广泛流行开来，报章还拿此大做文章，大肆讥嘲，也表明旗袍绝非什么取法西方的革命性装束。《紫罗兰》1926年第5期就有名记毕倚虹的《旗袍》诗："海上妇女冬来喜著旗袍，诗以咏之：皓腕搓酥洁似霜，北风一夜玉肌凉。盈盈十五江南女，竟作胡姬塞上装。"同期朱鸳雏的同题词作《旗袍·调寄一半儿》也与之一唱一和："错疑格格那边来，试话前朝心已灰，郎君若固四郎才，共登室，一半儿清朝一半儿汉（着旗袍者，绝似南北和京戏中旦角）。""与郎安稳度良宵，立著灯前脱锦袍，不妨穿错在明朝，变娇娇，一半儿堂皂一半儿俏。"《解放画报》1927年第7期有一篇《旗袍的来历和时髦》，则直言不解，隐言不满："辛丑革命，排满很烈，满洲妇人因为性命关系，大都改穿汉服，此种废物，旧已无人过问。不料上海妇女，现在大制旗袍，什么用意，实在解释不出。" 海上如此，传到内地，内地亦然。1929年间成都流行的一首竹枝词就写道："汉族衣裙一起抛，金闺都喜衣旗袍。阿侬出众无他巧，花样翻新好社交。"针对这种讥嘲，还有人提议，

旗袍应该改名“中华袍”或“祺袍”。（《袍而不旗》，上海《民国日报》1926年2月27日）

第二重讥嘲，则是旗袍的出身不正，即其初起，乃起于海上租界青楼，前已有述。朱鸳雏的《旗袍•调寄一半儿》正讥嘲这一点：“老林黛玉（洋场名妓）异时流，前度装从箱底搜，一时学样满青楼，出风头，一半儿时髦一半儿旧。（笑意不喜旗袍。尝曰：老林黛玉卷土重来，因为时装自竞，乃于箱底出旗袍，一时风从，不亦可笑。）”起源如此，穿旗袍也就有了风尘嫌疑：“看人眼热学新鲜，破费男人血汗钱，锦霞缎滚绣丝边，定须穿，一半儿人家一半儿妓。” 又因旗袍初起时的“蓄意模仿男子”，模仿者当然甚感其潮，同时也难免蒙受讥嘲：“玉颜大脚其仙乎？拖了袍儿掩了襦，婆婆年老眼迷糊，笑姑姑，一半儿男人一半儿女。”（朱鸳雏《旗袍•调寄一半儿》，《紫罗兰》1925年第1卷第5号）

当然，旗袍到了20世纪20年代中后期，由于西式服装观念及裁剪技术的引入，美观大方了不少，同时，市民的接受适应也顺应了很多，可以说真正进入了潮期，但因为社会分化的客观存在，总会有人横挑鼻子竖挑眼，讥嘲在所难免，而这第三种讥嘲，不妨谓之酸嘲可也。比如《玲珑》1937年第7卷第21期胡兰畦的《长旗袍和高跟鞋》说：“漂亮的太太们把长旗袍称赞得和宝衣一样！凡是女人，一穿上旗袍，就自然会美丽起来。譬如站着的时候，虽不花枝招展，可真是亭亭玉立。如果蹬上高跟鞋，在绿茸茸的草地上慢慢儿地散步着，阿呀！人家看起来，真比神仙还要飘洒！只要穿长旗袍，就可以把人显得文雅秀气。”揄扬之中，暗含贬抑。再如海上著名女作家程乃珊在《上海百年旗袍》中所言，旗袍阵营中也分为公馆太太派、女学生职业女性派和舞女明星派三大派，“泾渭分明，一点也含糊不得”，前两派不敢太潮，便对后一派加以讥嘲，多少有些酸葡萄心理：“我妈这一簇教会女中的学生平时一身布旗袍校服，唯有周末回家才可稍作些打扮。她们不会穿紧绷着身体、线条毕露的旗袍，那是交际花和舞女明星的装束。”（程乃珊《上海百年旗袍》，《档案春秋》2007年第12期）

到了特定的时候，比如在新生活运动中，这种酸嘲发起酵来，便惹出更多的是非。

旗袍的与时短长

我们今天谈论旗袍，脑海里总有一个明晰的轮廓，包括长短宽窄。可在其成长过程中，先效满妇男子，后效西式装束，自主力不强，再加上新生活运动等政治规训与约束，因而变来变去，莫衷一是，而每一次变化的具体诱因，当时已惘然，今日更迷糊。从历史的角度来看，倒更有意味。

旗袍的各种变化中，短与长的反复，是最突出的了，正如曹聚仁所说："一部旗袍史，离不开长了短，短了长，长了又短，这张伸缩表也和交易所的统计图相去不远。怎样才算时髦呢？连美术家也要搔首问天，不知所答的。"其实，细究细考，其间还是有规律可循的。

旗袍最初是舍裙而取袍，自然留有裙的影子。旗袍初起那一阵，按曹聚仁的观点是1915年前后，流行的是曳地长裙，旗袍自然也长得曳地。《申报》1946年10月7日的特稿《上海妇女服装沧桑史》回忆当年旗袍曳地的情形是："长得拖脚背，走一步路还得把衣服提起一些。即整天闹着无事的小姐们，也不胜其苦。"这种苦楚，随着五四运动的到来，终于有了改观："1919年间，旗袍已上升到膝踝下，比之五年前，短了七八寸。袖口也随之缩小。"这是因为，五四运动使青年妇女眼睛向外睁开了些，而"当时，西洋女人正流行短装，这也是一种外来影响；那时的旗袍大概合上了新女性的风格吧！"（曹聚仁语）而这种初现的新女性风格，其实难以逃离男性化的影子："长裙拖地，紧衣束胸，颇有'红裙金莲'的遗孽之感。五四以来蓬勃的妇运，遂使她们革掉了'裙、裳'的命。那时旗袍不长不短，在膝盖与鞋跟的中央，下摆很宽，和男子的长衫无多分

《围巾与长旗袍》，《玲珑》1931年第1卷第35期

别。”（碧遥《短旗袍》，《上海妇女》1941年第12期）

五四过后的大事件是北伐，因为是国共合作，革命性强，反映到旗袍上，便是“下摆也渐缩短，上升，马甲也改成有袖子的了”。《旗袍的旋律》也说：“十六年国民政府在南京成立，女子的旗袍，跟了政治上的改革而发生大变。当时女子虽想提高旗袍的高度，但是先用蝴蝶褶的衣边和袖边来掩饰她们的真意。十七年时，革命成功，全国统一，于是旗袍进入了新阶段。高度适中，极便行走。”

前面说了，旗袍的短化，也受到外来的影响。“当时西洋女子正在盛行短裙，中国女子的服装，这时也受了它的影响”，这种影响，在没有政治干预的情形下，继续着。“到十八年，旗袍上升，几近膝盖”，“到十九年，因为适合女学生的要求，便又提高了一寸”，甚而至于缩短到膝盖以上。对于这种西来的影响，碧遥的《短旗袍》则进一步探究其渊源：“其时欧美的妇女，被战线回来的战士战败，一批一批从职业阵败退下来，她们不复能仅夸她们的能力，而须夸她们的‘肉体’。于是这影响远播，播到我国的社会上，便如同那无聊的文人所哼的‘腿呀，腿的……’妇女的旗袍短到膝盖以上，无论冬夏，膝盖以下是一双纷红丝袜。这是民国十七八年的事。”对于这种旗袍，报章往往是寓贬于褒：“这种新改变的旗袍，穿起来可说时髦极了！美丽极了！可是一双肥满而圆润的大腿，暴露在冷冽的天气之中，仅裹着一层薄薄底丝袜，便能抵御寒气的侵袭么？”（叶家弗《女子的服装》，上海《民国日报》1928年11月20日）

可是没多久，因为蒋介石对“革命”的背叛，旗袍的长度仿佛也跟着背叛了它的短化趋势，“又慢慢拖下来，到了1930年后，又拖到脚背，和初行时差不多，袖子也到适中长度”。当然，旗袍这一时期的长到脚背，还有一个非革命的因素，即高跟鞋的流行，摆长更婀娜，尤其是衩可以因此开得更高，“从开衩处隐约露出时隐时现的穿高鞋的足踝和紧裹小腿的丝袜”，煞是诱人。（《上海妇女服装沧桑史》，《申报》1946年10月7日）特别是“‘九一八’以后，妇女的地位，都因‘不景气’而低落，我国则更因‘更殖民地化’而沉沦，妇女不复需要勇敢，敏捷，活泼，豪放，旗袍便一天天地长，长，长到高跟鞋底以下”，被称为“扫地旗袍”。（碧遥《短旗袍》，《上海妇女》1941年第12期）

此后，局势是沉闷的，其间蒋介石开展的新生活运动，在旗袍的长短上，虽然防止长（不要扫地就行，离脚背一两寸最好），主要防止短（短则奇装异服，有伤风化），所以旗袍的偏长，延续了好几年。但是，物极必反，“二十四年旗袍扫地，到了二十五年，因为对于行路太不方便，大势所趋，又与袖长一起缩短”。而且这一次的物极必反，是双重的反，因为抗战军兴，物资紧缺，旗袍短一点，袖子渐至于无，节约布料不少。“旗袍长度到了二十六年又向上回缩，袖长回缩的速度，更是惊人，普通在肩下二三寸，并且又盛行套穿，不

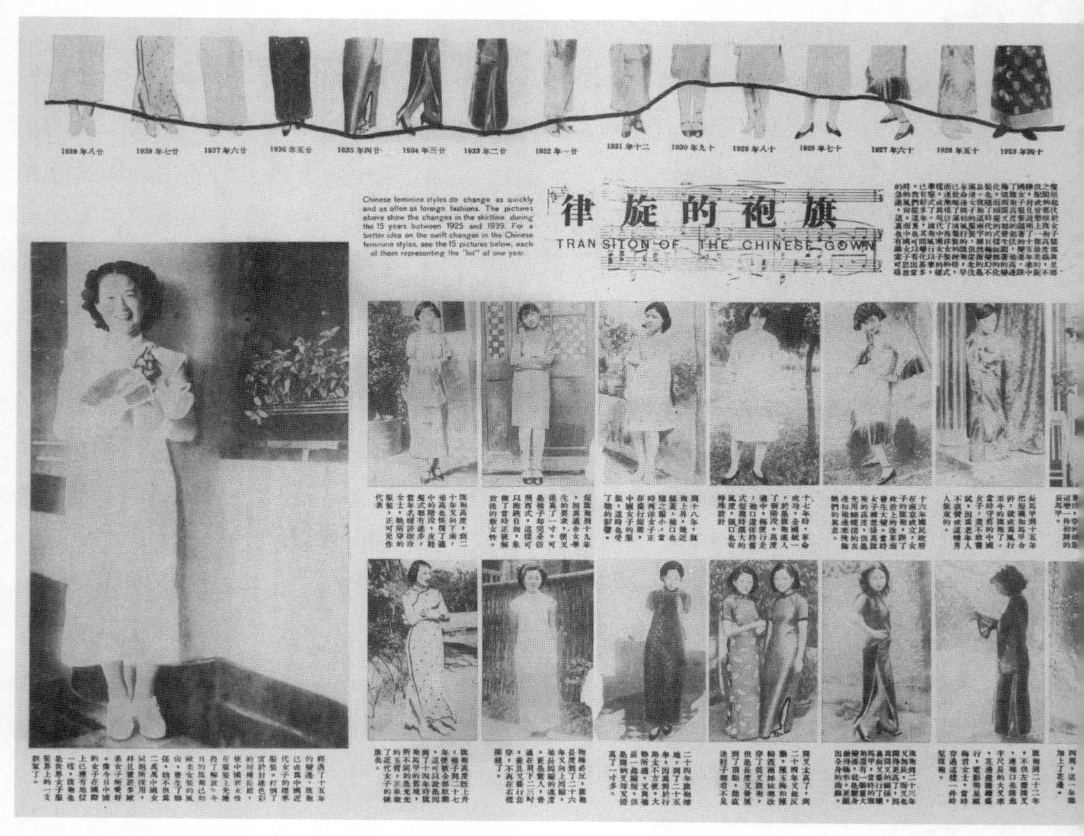

《旗袍的旋律》，《良友》1940 年第 150 期

再在右襟开缝了。旗袍高度既上升，袖子到二十七年便被全部取销，这可以说是回到了十四年时旗袍马甲的旧境。”（《旗袍的旋律》，《良友》1940年第150期）碧遥在《短旗袍》中也说：“然而今年（1941）短了，短到了小腿的当中。人们也许以为这是节约省布的表现，然而未必尽然。这是抗战时期的妇女，在生活上不再适用那种拖地的长袍，而在意识中也不再爱好那种阿娜窈窕，斯文闲雅。”至于这种不长不短的无袖旗袍，“光光的玉臂，则象征了近代女子的健康美”，那多少是无心插柳的结果。

至此以后，旗袍在长短上，就不再日新月异，反复无常。所以，

1929年流行的一首成都竹枝词说："服长偏又着旗袍，服短何曾盖裤腰。长则极长短极短，不长不短不时髦。"此说是有道理的。真正的不长不短不求时髦，要等到旗袍定型以后；那时的旗袍，已然国服化，当然也就不再时装化，自然也就不再与时短长了。也正是在这一点上，反映了旗袍真正地趋向经典化，真正地具有了国服的风范。经典与时尚，有相合，亦有相悖。合是因为其品质的讲求，悖是因为时尚求新变，经典求益精。

当然，20世纪50年代后，旗袍在大陆渐渐淡出日常生活，香港、台湾的旗袍倒在长度上再掀波澜，长度一度缩至膝盖以上，影星夏梦、林黛等粉墨登场，不过那已不是经典的追求，而是西潮的取向。80年代后旗袍在大陆逐渐复兴，包括《花样年华》的回溯，还是以"不长不短不时髦"为时髦。不时髦的时髦，就是经典。

经典之为经典，在于细节的讲求。旗袍的追求细节之美，第一波体现在花边上。这也是中国妇女服装的传统。比如早期的“鬼子栏杆（即花边）遍体沿”和“十八镶”以及最让西人不解的绣花鞋等，莫不如是。1927年，北伐胜利在望，旗袍意在缩短，但不敢贸然缩短。“当时女子虽想提高旗袍的高度，但是先用蝴蝶褶的衣边和袖边来掩饰她们的真意。”（《旗袍的旋律》，《良友》1940年第150期）旗袍花边的大兴是1932年，“旗袍已放长到离脚踝二寸左右，同时在袖口和袍脚滚花边，上海的交际花甚至整件旗袍的四周滚上一圈花边，乃是时髦的款式”。“当时颇负时誉的上海交际花薛锦园女士，可以代表盛行于二十一年的旗袍花边运动，整个旗袍的四周，这一年都加上了花边。旗袍到二十二年，不但左襟开叉，连袖口也开起半尺长的大叉来，花边还继续盛行，电影明星顾梅君女士，当时穿过这样一件时髦旗袍。”（《旗袍的旋律》，《良友》1940年第150期）到了20世纪50年代末，章诒和初见被其誉为“最后的贵族”的康同璧时，仍震惊于其旗袍的花绣之美：“黑缎暗团花的旗袍，领口和袖口镶有极为漂亮的两道绦子。绦子上，绣的是花鸟蜂蝶图案。那精细绣工所描绘的蝶舞花丛，把生命的旺盛与春天的活泼都从袖口、领边流泻出来。脚上的一双绣花鞋，也是五色焕烂。我上下打量老人这身近乎是艺术品的服装。”

对料子的讲究是经典旗袍的根本。海上名作家程乃珊说，上海旗袍的绝对时尚，是其料子的独一无二。其独一无二不仅在于用绢丝纺的料子，更在于其“图案不是染上去而是织出来的”。这称为独幅旗袍料，“女人

身穿旗袍的民国女明星

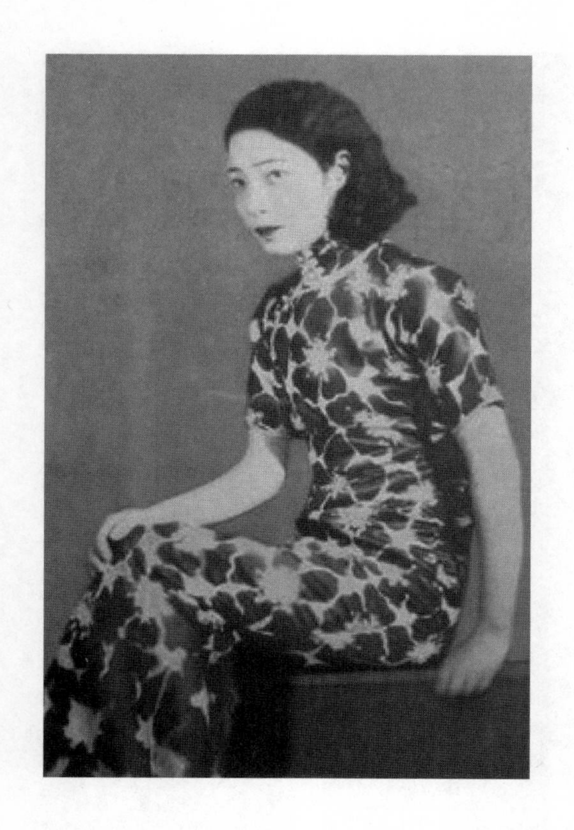

身穿旗袍的民国女明星黄耐霜

最怕在社会在社交场合与人撞衫，这种独幅旗袍料永远不会与人撞衫”（程乃珊《上海百年旗袍》，《档案春秋》2007年第12期），因而堪称绝对的时尚。张恨水在长篇小说《春明外史》中描述的旗袍用料也堪称一绝：“余瑞香新做了一件白纺绸旗袍，很是得意，因为这件旗袍周身滚边，有两三寸宽。又不是丝辫，乃是请湘绣店里，用清水丝线，绣了一百只青蝴蝶。” 旗袍发展到后期，日益趋于简洁，用料就显得更加重要。国产和进口的各种印花面料，各种绸缎、洋绢、洋布、锦缎，甚至是蕾丝镂空面料都纷纷用于旗袍。至于普通的旗袍用料与颜色，按官方的旨意，早期是普通的棉布，后来是青色的阴丹士林布，料子也还是不错的，中国还因此被日本人称为“青衣的大陆”。

最后，做工的精细，是旗袍成为经典的关键。20世纪40年代后期，旗袍的重心已不在领、袖、下摆的变化，更多在旗袍的工艺与装饰的改良，成熟的装饰手法和西式的工艺技术，令现代旗袍日趋完美。当代著名服装设计师郭培为新版《小城之春》人物制作旗袍的故事，就很能说明当年旗袍的工艺之精致。起初她以为旗袍设计制作的要点在体现完美的S形侧曲线，但编剧阿城说，当年可要欣赏两条曲线：颈部至脊背的和颈部往肩膀的。立领与肩部的衔接，充分呈现出民国女子削肩长项的韵致。这让郭培颇难下手。更难下手的还在于当年的旗袍没有肩缝，是从一块整布中间挖个领口，将大襟搭过来，在底摆的地方最多搭上4厘米。再如，香港旗袍的发展，也可以反衬出工艺技术的重要性。解放前，香港旗袍一直未能成为时尚，主要就是因为其裁缝的工艺水平赶不上趟。“40年代末，随着大批上海裁缝师傅和高层次的上海人南下，旗袍很快成为香港最时尚的时装。”也正是在此之后，旗袍经由香港，经由关南施主演的电影《苏丝黄的世界》，“令旗袍女士更成为外国人眼中中国娃娃的经典形象”，从而完成了旗袍经典的最后定型。

旗袍与马甲的离合

旗袍的起源及演变过程的复杂微妙，远非今人想当然那么简单，其与马甲，就曾二而一，一而二，纠缠不清。

我们一般认为旗袍起源于模仿旗妇之袍，而民国掌故大家郑逸梅则认为起源于长马褂："妇女的长褂俗称旗袍，但现今也由长而短，以蔽膝为止，行步时益觉娉婷多态。"（郑逸梅《妇女妆束羼谈》，《紫罗兰》1929年第10期）不过所说嫌于简略。《申报》1931年1月11日李寓一的《新装五年之一回顾》则说得更详细："此衫子（即俗名旗袍）之变化，亦有线索可寻。初能毅然打破三百年来之裙制者，现已息影之黎明晖女士，创着旗袍马甲以代裙。旗袍马甲一时为小儿女之风尚。然马甲之意，或为甲胄之遗式，其后婢女着之，以便操作，着月白色马甲之姨娘大姊，吾人至今犹可想见其风致。通常之短马甲，端庄妇女耻着之。"然亦不太明白——旗袍马甲是什么样的东西？再后来《良友》1940年第150期《旗袍的旋律》就说得很明白了："中国旧式女子所穿的短袄长裙，北伐前一年便起了革命，最初是以旗袍马甲的形式出现的，短袄依旧，长马甲替代了原有的围裙。十五年前的梁赛珍，穿的就是这么一件初期的长马甲。""长马甲到十五年把短袄和马甲合并，就成为风行至今的旗袍了。当时守旧的中国女子，还不敢尝试，因为老年人不很赞成这种男人装束的。"后来曹聚仁也主此说："（旗袍）最初是以旗袍马甲的形式出现的。即马甲伸长及足背，以代替原来的裙子，加在短袄上。到了北伐军北进，旗袍就风行一时。"

但是，这仍只说明了旗袍与马甲纠缠的一面，即长

马甲与短袄二而一为旗袍，殊不知还有一而二的另一面，即在旗袍外面恢复马甲。《上海妇女服装沧桑史》说：“有一时期盛行一件长马甲，加在旗袍的外面。这是从旗装的坎肩变化而来的。据说为影星黎明晖所创始，有人见过黎明晖的一封信，内云：‘我的新衣早就做好了，一件长背心，一件薄纱旗袍，背心罩在旗袍上，又好看，又大方。这是我的新发明，别人没有穿过，你愿意来参观吗？’于是妇女们纷纷模仿，成为一时风尚。”马甲这种原本属于男性的东西，“不意其时（马甲）由短而长，反增妩媚，至于今年，又由长而短，且散其对襟，敞开如男子之西装，足以示勤于工

上／黎明晖
下右／《接衫和马甲》，《玲珑》1932年第2卷第58期
下左／《旗袍外之背心》，《玲珑》1932年第2卷第51期

作、落拓不羁之姿态。”（李寓一《新装五年之一回顾》，《申报》1931年1月11日）这就好比牛仔裤，原来也是最男人的东西，女人用上后，曲线毕露，更显性感。所以，连画家叶浅予也出来号召旗袍配马甲：“旗袍从膝盖长到脚背，马甲时代便成了过去，不过夹大衣还未穿得上身的初秋时节，女人们最好是学学男人的样子，长袍外面套一件马褂着。”（《小姐们的马褂》，《玲珑》1931年第1卷第31期）

而更须注意的是，早在1924年，旗袍还曾一度变回长马褂：“自旗袍以后，到了去年，忽又变为长背心了。”而这么变的目的，大约是一种美的追寻：“虽则长背心为我们学界所穿的甚少，但是比较旗袍略有美观思想。”（徐郁文《衣服的进步》，《申报》1925年12月21日）由此，马褂再加到旗袍之上，那就是锦上添花，理有应当，势所必然了。但这还不是最后定型，其间仍有反复。《旗袍的旋律》记述说：“旗袍高度既上升，袖子到二十七年便被全部取销，这可以说是回到了十四年时旗袍马甲的旧境”。而这时，已近20世纪40年代了。也就不久之后，旗袍与马甲彻底分离，“在旗袍外罩一件长度在腰线以下的、双排纽前身开身绒线上衣或背心，是40年代知识女性的典型装束”。这也是旗袍留给世人最经典的装束。

民国领袖·领

衣服的领与袖，是与身体和外界双重直接接触的部位，容易脏，也容易破损，往往用料特别，做工也特别，成为一件衣裳最重要的部位；移以喻人，人群之领袖犹若羊群之头羊，作用大，地位高。《晋书•魏舒传》说，晋文帝非常器重魏舒，每次朝会终散，必以目相送道："魏舒堂堂，人之领袖也。"这便是领与袖合为一词并具有后世老大意义的最初出处。因为这一层互动，领与袖成为服饰文化变迁的一个关键。

女为悦己者容。如果从男欢女爱这个角度来谈论领袖的问题，对于民国服饰，更有针对性，也更有意义。陶渊明的《闲情赋》，历来受卫道之士的诟厉。赋中说："愿在衣而为领，承华首之余芳。"现今的研究也表明，女子的颈项是性敏感部位，身体与目光接触皆然，作为"郑卫之音"代表的《诗经•卫风•硕人》也说："领如蝤蛴。"领如此，袖亦然。故《闲情赋》开以领而结以袖："悲白露之晨零，顾襟袖以缅邈！"至于"红袖添香夜读书"之袖以及"断袖之癖"之袖，千百年来，皆是男子想望之情意结。所以，历代服饰皆着力于领与袖，民国更是如此。

衣领的突变应该始于民国前夕。晚清十年的最后变革，幅度巨大，导致"一向心平气和的古国从来没有如此骚动过"，人也变得有些歇斯底里。尤其是在上海，在妇女身上。上海因为租界的关系，妇女们较内地更早地可以抛头露面了——面固不遮，但却用坚硬的高领遮住了蝤蛴之颈——"在那歇斯底里的气氛里，'元宝领'这东西产生了——高得与鼻尖平行的硬领，像缅甸的一层层叠至尺来高的金属顶圈一般，逼迫女人们伸长了脖子。这吓人的衣领与下面的一捻柳腰完全不相称。头重脚轻，无均衡的性资正象征了那个时代。”（张爱玲《更衣记》，《古今》半月刊1943年第36期）曾国藩之女曾纪芬也说：“庚子以后，风气弥开，男女皆尚高领窄袖。”而据李家瑞《北平风俗类征》（商务印书馆1937年）说：“鼎革初元，崇尚纤瘦，领作元宝形，纽扣密布，作种种式样，紧缚芳肌，无稍余地。有玉环躯胖者，则怀中双峰，隐隐隆起，而后庭肥满，又时觉春色撩人也。” 从这“撩人春色”看，元宝领还是有时代贡献的。

民国初建，人们以为揭开了新时代，“时装上也显出空前的天真，轻快，愉悦……衣领减低了不算，甚至被蠲免了的时候也有”（张爱玲《更衣记》，《古今》半月刊1943年第36期），但随之而来的时局的变幻，又使得领子立了起来。“到了民国三四年的时候，一般妇女，大有高领的盛行，高度四五寸不等，愈高愈美观，形态是不平衡的，两端高而中间较低，广东人叫它马鞍领。” 再则，当时的女子尤其是女学生服装，主要受日本影响，高领衣衫狭窄修长，与黑色长裙相配，袄裙均不施绣文，不穿耳裹足，不戴首饰，不涂脂抹粉，是谓“文明新装”。但是，这种“文明新装”，模仿过甚，也甚有不合理之处。随着五四运动的到来，在德先生和赛先生的指导下，“一般女子，确实觉悟了不少，她们知道衣服加领，有妨碍颈的运动，高领更为不行，所以那时她们的思想很积极，不论高低领，一概取消，很慷慨地提倡穿没领衣服了，那时女学生们得到这个消息，就立刻赶着把她们的衣领除去，而且还在报纸上刊物上发表很多废领运动的文章，鼓吹得风云皆变。”（少金《近代妇女的流行病》，广州《民国日报》1920年5月5日）

众所周知，五四的风潮很快过去，尤其是在广州这种文化相对保守的地方，旧潮重卷，“1921年就又开始恢复有领”，不过毕竟保留了五四的一些成果，“领则矮至四五分”（凌伯元《妇女服装之经过》，广州《民国日报》1920年1月4日）。对于此前无领衫则大加挞伐：“无领的衫好笑，在妇女们的思想，以为仿效欧西妇女，殊不知伊们系白种人，‘领如蝤蛴’，本自可观，如属皮肤黄色，实使人观

叶浅予《废领旗袍》，《玲珑》1932年第2卷第54期

之不雅，若系颈长，更觉形同鷀鹤，倘再晒颈皮，则更难堪。”（一庵《妇女应改良的》，广州《民国日报》1925年10月7日）

旗袍与时短长，在领上则是与时高低。初兴的旗袍，跟男子的袍差不多长，领是高高地立着的。张爱玲说：“初兴的旗袍是严冷方正的，具有清教徒的风格。”嗣后，旗袍渐短，领也渐低。到1930年前后，旗袍长得扫地，袖也长及肘，“衣领又高了起来。往年的元宝领的优点在它的适宜的角度，斜斜地切过两腮，不是瓜子脸也变了瓜子脸，这一次的高领却是圆筒式的，紧抵着下颔，肌肉尚未松弛的姑娘们也生了双下巴。这种衣领根本不可恕。可是它象征了十年前那种理智化的淫逸的空气——直挺挺的衣领远远隔开了女神似的头与下面的丰柔的肉身。这儿有讽刺，有绝望后的狂笑。”（张爱玲《更衣记》，《古今》半月刊1943年第36期）徐国桢所记下的1929年上海流行时尚的旗袍款式的高硬之领也令人印象深刻：“领高而硬，似乎一个竹管套在颈之四周。”（徐国桢《上海生活》，世界书局1930年）

再后来蒋介石开展新生活运动，旗袍不准过长，当然更不准过短，而对领的约束，则更严。徐訏《女子的衣领》（《论语》1934年2月第34期）说：“至于现在时行之领，每次扣上，粉颈立起红痕，实可有上吊未遂之误会；而谈必低声，后顾必赖‘向后转’，仰视必赖突肚，俯视必赖弯腰，左右顾必赖瞟眼斜视，以致颈节骨之转动无形麻痹，声带亦遂而变

态……以致到了大暑天，产生了许多把高硬的领子敞开着露着龌龊的，或带一条发瘀的紫块的颈部之女子来！”

女子的衣领一直被严厉地约束，要求“坚强”地立起来，大约就因为颈部容易产生性想象。当然也有另一个原因，即《北洋画报》1931年第722期曲线怪《时装漫谈》所谓：“中国女子之所以至今不肯袒肩露背而仍然维持其高领密襟之服装者，非有所爱惜，特因多数为瘦子，肌肉不丰，筋骨暴露，确不雅观，所以不得不借以掩其丑耳。”在那个物质并不如何丰裕的年代，还不会像现在这样崇尚骨感美；太瘦了，还被认为没有福相，或者命薄，总之是不好，还是遮一遮的好。

至于男子的领，原本是立起来的，可知识界和政界，都在以健康舒适等理由，异口同声要求放低下来。这方面大名人林语堂的《论西装》言辞最激烈：“凡是头脑清楚的人，大概都不会矫说硬领——首相列区流和许尔脱劳莱爵士时代的遗物——是一种助于健康的东西。即在西方，也有许多富于思想的人屡次表示他们的反对。西方女人的衣服已在这一点上得到了许多以前所不许享受的舒适。但是男人的颈项，则依旧被所有受过教育的人们当丑恶猥亵、不可见人的部分，而认为须遮隐起来，正和腰围大小之应尽量显露成一个反比例。这件可恶的服饰，使人在夏天不能适当地透气，在冬天不能适当地御寒，并一年到头使人不能做适当的思想。”

对于男子西装硬质立领的口诛笔伐，所在多是。《医药评论》1934年第2期宋国宾的《送别西装文》，谈西装之恶，首列硬质立领：“衣以适体，体之不适，安用衣为？古者峨冠博带，大袖宽襟，其于卫生，或有不合，而尔则一反其道，以小为贵，领硬如枷，袖窄似梏，一颈之左右，一肢之屈伸，皆若为尔所限制者。束缚自由，莫尔为甚，尔罪一也。”众口铄金，立领的命运，是不会长久的，兼有孙中山的主张，则更是势所必废：“辛亥革命后，孙中山先生认为该有一套代表本国民族气节的服装了，革命党人穿什么式样的服装是一个大问题，在广泛征求意见与展开讨论的基础上，孙先生建议穿广东便服，但把直领改为翻领。”并认为这种翻领“造型大方、严谨，表达了男子内向、持重的性格”。（春云《从男性的爱美说到女性的权力》，上海《民国日报》1929年4月20日）既是孙中山先生的意思，随着国民党的执政，自然渐渐得到落实。到20世纪30年代中后期，随着中山装的定型，男子立领便退出历史舞台，女子的衣领尤其是旗袍，虽然还是立领，但可以放得低一些。领袖民国的领，也就渐入凡境。

最后要说的是，尽管潮流所趋，有时是要废领的，也一直有人鼓捣。比如《红杂志》1922年第13期有一篇《妓女的衣着》说：“不领之衣，露肌之裤，只要妓院中发明出来，一般姑娘小姐，立刻就染着传染病，比什么还快。”《玲珑》1932年第2卷第54期叶浅予的《废领旗袍》也呼吁：“中国妇女因为身体发育关系，大都不宜穿坦胸的装束，但近来由于提倡运动及游泳跳舞的普遍，健康大有进步，在炎热的夏季里，何妨把旗袍的高领废去呢？”可是总也废不掉。《金钢钻》1934年第9期有一首《夏日时装妇女五言吟》，吟叙女子衣领废立并存的矛盾情形：“夏日热难当，娇娃各斗妆。阿谁最时道，特别出锋芒。衣上领头无，蝤蛴露雪肤。有时透香汗，串串挂珍珠。方领忒蹊跷，如枷颈套牢。峻嶒油盏骨，托出几条槽。”废又难废的结果是，尽管旗袍堪称经典，但要今人在大夏天穿件有领旗袍在大道上行走，恐怕做不到。旗袍也就成了礼仪场合“经典”的表现了。

民国领袖·袖

领袖领袖，领的高低，往往与袖的长短互动。中国传统的服装，男子是宽袍大袖，女子则是低领窄袖，然而“庚子以后，风气弥开，男女皆尚高领窄袖……凡西洋服饰若花边细钮绒毛衣之属皆为常御之品，而往时之阑干挽袖均捐废矣”（曾宝荪《崇德老人自订年谱》，《曾宝荪回忆录》，岳麓书社1986年），仿佛是袖子的布料用到脖子上去了。然而，此时的袖仅仅是窄了些，真正的挑战是要短一些，那可不容易。要知道，手臂向来也是充满性想象的部位，鲁迅先生在《而已集·小杂感》里就说过，中国人是“一见短袖子，立刻想到白臂膊，立刻想到全裸体……”。正史的《列女传》里也有女子的手臂被人拉过，就将其斫下的惨烈故事，可见手臂必须被长袖遮裹的渊源，可见袖子缩短的不容易。

短既不易，在袖的开口上下点功夫，也算是一种变通的做法，那就是“飘飘欲仙，露出一大截玉腕”的“喇叭管袖子”，随着民国的初建而出现。再以旗袍而论，现在我们看到的经典式样，是没有袖子的，可当年要缩短一点，也是比提高一点下摆还难的。“十七年时，革命成功，全国统一，于是旗袍进入了新阶段。高度适中，极便行走”，但袖没让短，“袖口还保持旧式短袄时阔大的风度”。“到十八年，旗袍上升，几近膝盖”，此时，袖口才不得不随之缩小变短。这还主要是因为外因所致：“当时西洋女子正在盛行短裙，中国女子的服装，这时也受了它的影响。短旗袍到十九年，因为适合女学生的要求，便又提高了一寸。可是袖子却完全仿照西式，这样可以跑跳自如，象征了当时正被解放后的新女性。”（《旗袍的旋律》，《良友》1940

年第150期）准确地说，那时正是欧美爵士时代，女子衣裙以“史无前例之短为时尚——有人认为这是魔鬼的杰作”。张恨水的《天上人间》，便形象地描述了这种外来影响：“近代的舞蹈，第一条件，就是要露出两只腿，腿愈露得多，愈是时髦；第二条件，便是露着手臂与胸脯，自然也是愈露得多愈好。”这些都是拜欧化之赐：“她们都是欧化的装束，在可能的范围内，尽量地露出肉体来……这位董小姐，身上穿了米色薄绸的西式背心，胸前双峰微凸，两只光胳臂，连两肋都露在外面。”

世风汹汹，以至于1929年南京国民政府《服制条例》明确规定了女子礼服（实是旗袍）的袖长——“过肘与手脉之中点”。事实上，民间根本不睬这一套。徐国桢在《上海生活》撰文称，1929年上海流行时尚的旗袍款式“衣袖很短，不过到臂弯为止”。到1933年，则是“鞋跟愈高愈妙，袖口愈短愈佳”。（《新天津画报》1933年4月22日）1934年，则袖短且宽，玉臂得以充分展现：“衣袖高齐肘，飘飘七寸宽。偶然伸玉臂，两腋任郎看。”（《夏日时装妇女五言吟》，《金钢钻》1934年第9期）这些描述，也反映出社会上的一些不满。新生活运动也恰在此时登场，对衣袖长度的要求有了较明确的规定。但是，民国社会，好歹标榜民主与自由，人们很容易寻出对策，这就是卷袖时装。《北洋画报》1935年6月22日第1260期有一篇署名无聊的《卷袖时装》写道，新生活运动禁止妇女旗袍缩短袖子，“短袖女性在公共场所，受窘者甚多，故北平女生现作旗袍时，袖口皆作长过肘。但平日则将其高卷二三折，仍将肘露出，至受干涉时始放下，令干涉者无话可说。现裁缝已懂此妙诀，而专作此种袖口之衣服矣”。

有些意外产生的民国，在破与立方面，往往都不到岸，于服装亦然。1929年的《服制条例》和1934年的新生活运动，对于服装的袖长都有规定，可是都留下了不少空当。后者针对旗袍，却疏忽了西装：“北平今夏来女性着西服者日众。一短衫，一裙，凡作此装束者，即可袖短过肘，而赤足露腿。盖新运中有‘着西服者听’一语，于是西服乃成为平常摩登女郎之必备衣饰矣。”（《曲线新闻》，《北洋画报》1935年第1261期）口子一开，便如蚁穴溃堤，“近年来最重要的变化是衣袖的废除。（那似乎是极其艰难危险的工作，小心翼翼地，费了二十年的工夫方才完全剪去）”。（张爱玲《更衣记》，《古今》半月刊1943年第36期）《良友》1940年第150期《旗袍的旋律》细述了这一过程：“二十四年旗袍扫地，到了二十五年，因为对于行路太不方便，大势所趋，又与袖长一起缩短，但是开的叉却又提高了一寸多。物极必反，旗袍长度到了二十六年又向上回缩，袖长回缩的速度，更是惊人，普通在肩下二三寸，并且又盛行套穿，不再在右襟开缝了。旗袍高度既上升，袖子到二十七年便被全部取销，这可以说是回到了十四年时旗袍马甲的旧境，所不同的是光光的玉臂，正象征了近代女子的健康美。”

民国政府标榜民主自由，最终在服装上也有所体现，1942年颁布的新的《国民服制条例》，就较好地体现了新的民意，尤其是在袖长

《冬季妇女新装》中的短袖旗袍，《玲珑》1931年第1卷第40期

上：“（女子常服）齐领，前襟右排，长至踝上二寸，袖长至腕，夏季得缩短至肘，或腋前寸许。”（《国民政府公报》1942年第387期）已经是殊为难得了。

总而言之，民国时期，妇女衣袖变化的路径，大体是先宽后短，再宽再短，直至取消。

对于女子服装衣袖的短化的理由，民间有两个戏谑的版本，十足解颐。一说是因为要节省衣料：“在下常研究长旗袍短袖的理由，据说现在流行的印度绸之类，门面不过市尺一尺四寸，所以身段较小的妇女们，刚刚可以裁制长旗袍一袭，如果要袖管较长，就限于尺寸，非买双幅不可；在这大家不景气的时代，还是省省罢！……所以那些摩登女郎的装束，底里还透着一层‘经济上的悲哀’。”（太冷《奇装异服的影响》，《社会》半月刊1935年第16期）一说是裁缝的奸巧：“奇装之始也，非属于着者，乃创于裁缝耳。裁缝所以创奇装，实以原材料不够，乃免其袖，或露其背，或短其衣，甚至以他种碎料接其袖，或装为领，或作为下段。非如此，此块材料，将成废物。一般浪漫妇女不明其故，反视为新，一衣十和，此种奇装，反成了时装，实出裁缝意料以外。裁缝为迎合着者心理，于是反将原匹正料，有意裁成废料，镶以碎料以应顾主，其实此种服装，毫无后还，一旦过时，连作抹布都不能。若衣一落大派之服装，不但不易过时，且极其耐着，即使旧了，还可改作短衣或童装，所以贤淑的妇女，是多不愿衣有失身分有损金钱的奇装。”（古愚《由奇装想到新腔》，《十日戏剧》1938年第1期）这两种情形，在实际生活中，也未必没有。

而另一则关于短袖的笑闻，却委实让人笑不起来。据地下党的领导人陈修良回忆，解放南京时，她和地下党的干部们来不及换装，仍穿旗袍、皮鞋、西服。于是在解放军官兵中，流传起这样一个描述她们这些城市妇女的顺口溜：“头发是火烧的——烫发；胳膊是摸鱼的——旗袍和短袖衫；腿是过河的——小腿外露；鞋是跌人的——高跟皮鞋。”这预示着在新时代里短袖旗袍的灭顶之灾，并殃及其他短袖装束。

西装的东与西

男子持重，在服饰时尚方面，较女子要迟滞不少，也简单不少——无非西装一套。然而惹出的是非仍然不少，文人的笔仗打得也不少。

西装东传，同光间已现。彼时口岸多有开放，租界多有开辟，洋务运动蓬勃开展，留学运动方兴未艾，种种情形，都难免引出一些西装之士，上海“王兴昌记”1904年已制出国产西装；尤其是革命党人，在海外遥隔重洋，剪掉“猪尾”，换上西装，以作革命的示威。所以，民国初建，颁布的第一个服制条例，规定大礼服用西装燕尾服，理由是：“今世界各国趋用西式，自以从同为宜。”（《上海画报》1927年第4期）此后，燕尾西服统治“朝廷”多时，1918年，前清进士出身的徐世昌就任大总统时，就穿一身燕尾服。

由于官方的鼓吹，民国成立后，西装迅速成为中国上层社会的正式社交服装。国内，特别是上海、武汉、天津等大城市，出现了穿西装的潮流。从上海冠华、惠罗等大衣帽公司在《申报》大做广告，也可以从侧面见出西服之流行。如兴丰服装公司的广告说：“本号向办洋装衣着，早经驰名中外，民国军光复大汉以来，各省热心志士，无不纷纷改装……本主人有鉴于此，特向各国名厂定造应时各色纯色呢绒哔叽衣料及改装应需各种杂货……”（《申报》1911年10月5日）另一份官方的议案提到，“武昌各处，因改西装衣履冠服，输出金钱已逾二千余万”，天津“进口之洋服洋帽二项，已达一百二十五万两。一埠如是，上海各处可知。春季如是，去冬今夏可知”，充分反映了需求的旺盛。（《田骏丰等建议咨请政府速定服制服色振兴呢业案》，《申报》1912年6月4日）

然而，一件极富意味的事预言了西装不平坦的路。武昌首义后，南北议和，按理应穿西装的南方革命党谈判代表伍廷芳，却是一身中式长袍马褂，而清廷一品命官唐绍仪竟一身西装，并对伍氏说："我有共和思想，可比你要早啊！"果然，唐氏后来成为北洋政府第一任总理。唐绍仪之着西装，固因其为广东人，且为首批留美幼童之一，但毕竟是代表清廷啊，如此穿着，是想制造气氛，以表明清廷愿意接受更化吗？那伍廷芳一身长袍马褂，作何表示？是想表示中服为体，西服为用？如此，势必让人纠结。事实也的确如此。

文人尤其是知名文人，往往旧学深厚，对穿西装最不以为然，认为穿西装纯是浅薄的崇洋媚外。如郁达夫说："大家都知道了西洋文化的好处，中国人非学他们不可了，于是乎，阿狗阿猫，就都着起了西装，穿上了皮靴，提起了手杖，以为这就是西洋文化的一切。"林语堂也说："西装之所以成为一时之风气，为摩登女士所乐从者，唯一的理由是，一般人士震于西洋文物之名，而好为之效颦。"至于像当局那些既有文化又有身份的上层人士穿着西装，使西装看起来"所占的高位，完全不过是出于政治的理由"。（林语堂《生活的艺术·西装的不合人性》，陕西师范大学出版社2006年）

对西装的揶揄

即便在今天看来，除了工作需要或者出场面，穿西装的确有种种不便，日常在家休息，是绝少有人西装革履的。只是，在当年西装初成时尚，留洋归来的大名流林语堂博士刻薄地攻击西装时，的确让人受不了。他说，“中国的绅士都穿中国衣服”，“名成利就的中国高士、思想家、银行家，有许多从来没有穿过西装”。即有例外，也是权宜之计，“有许多则于政治、金融或社会上获得成就，立刻改穿中装。他们会立刻回头，因为他们已经知道自己的地位稳固无虑，无需再穿上一身西装，以掩饰他们的浅薄英文知识，或他们的低微本能”。说白了，穿西装者，总体而言，非穷即贱，“上海的绑匪绝不会去绑一个穿西装的人，因为他们明知这种人是不值一绑的”。这些穿西装的人，多是“大学生、赚百元一月薪俸的小职员、到处去钻头觅缝的政治家、党部青年、暴发户、愚人、智力薄弱的人”。富贵之人，硬要穿西装，那是讨贱，还未免真沦落至贱境，比如末代皇帝溥仪。林语堂狠狠地幽了溥仪一默：“那亨利溥仪，俗极无比地题上一个外国名字，穿上一身西装，还要加上一副黑眼镜。单是这身装束，已足使他丧失一切复登大宝的机会。即使日本天皇拿出全部兵力来帮助他，也不会中用。因为你或许可以用种种的谎话去欺骗中国人，但你绝无法使他们相信一个穿西装戴黑眼镜家伙是他们的皇帝。溥仪一日穿着西装，一日用亨利为名，则一日不能安坐皇位，而只合优游于利物浦的船坞中罢了。” （林语堂《生活的艺术·西装的不合人性》，陕西师范大学出版社2006年）

林语堂的这番说法，或许有些偏激，但是，偏激偏

我的話

論西裝

語堂

許多朋友問我爲何不穿西裝。這問題雖小，却已經可以看出一人的賢愚與雅俗了。倘是一人不是俗人，又能用點天賦的聰明，兼又不染季常癖，總沒有肯穿西裝的，我想。在一般青年，穿西裝是可以原諒的，尤其是在追逐異性之時期，因爲穿西裝雖有種種不便，却能處處受女子之青睐，風俗所趨，佳人所好，才子自然也未能免俗。至於已成婚而子女成羣的人，倘穿西裝，那必定是他仍舊屈服於異性的徽記了。人非昏聵，又非懼內，決不肯整日价掛那條狗領而自豪。在要人中，懼內者好穿西裝，這是很鮮明彰著的事實。也不是女子儘喜歡作弄男子，令其受苦，不過多半的女子似乎覺得西裝的確較爲摩登一等。況且卽使有點不便，爲伊受苦，也

《论西装》，《论语》1934年第39期

激，必有所激——激于穿西装的人是假富贵得了真便宜。这一点鲁迅也这么说："在上海生活，穿时髦衣服的比土气的便宜。如果一身旧衣服，公共电车的车掌会不照你的话停车，公园看守会格外认真地检查入门券，大宅子或大客寓的门丁会不许你走正门。所以，有些人宁可居斗室，喂臭虫，一条洋服裤子却每晚必须压在枕头下，使两面裤腿上的折痕天天有棱角。"（鲁迅《上海的少女》，《南腔北调集》，人民文学出版社1980年）鲁迅本人，则曾经因为不穿西装，得不到便宜反受累。有一次，他去某公寓看美国左派记者史沫特莱，门房凭其打扮让他走后门坐另一部差电梯。后门的电梯工也只认衣裳不认人，干脆叫他去爬楼梯。"俯首甘为孺子牛"的鲁迅只好乖乖地照办。对这种穿西服的假富贵，坊间也有诸多调侃："上海人重衣着，据说有一类人早晨到洗澡堂，把西服、衬衫、领带等全身行头交经澡堂代为洗熨，午饭也叫到澡堂吃，下午便里外一新出来，俗话谓'不怕天火烧'，又有'只怕掉水里'。"另一说是"不怕贼来偷，就怕掉河里"。

当时还有一则报道，讲要到北平女子师范大学去访客，不穿西服，会遭另眼，而女师大方面却回应说："我正以为这是我们的光彩。"记者以为这不过是借欧化以达时尚，因为"记者五年前就学旧京，朋辈中交际而恋爱者比比，穿西装者，十之一二耳。于是知近年之欧化日深矣"，以至于"欲谈交际，必穿西服；不穿西服，莫谈交际"。（蜀云《西装交际》，《北洋画报》1930年第584期）正是有激于这种浅薄地以西化为时尚，外侨辜鸿铭等归国，是绝不穿西服的。

秀才造反，十年不成；没有秀才，百年也不成。民国时期，西装因为没有得到秀才们（知识分子）的青睐，注定命途多舛。许多人从经济角度着眼，认为中国不能自制毛织衣料，而其“价值之昂，远过中服”，穿西服等于将金钱输出外国，导致“利权外溢”，“每岁漏卮，奚啻亿万”；还导致“国用不强”，而使国货丝织工业日益衰落，“国穷民竭，尔实厉阶”。因此穿西装就是不爱国的一种表现，“狂澜之挽，在倡国货”，“国民应高呼口号曰‘打倒西服！国服万岁！’”（诛心《打倒西装！国服万岁！》，《北洋画报》1929年第317期）以此“屏汝（西服）于中华之外，而稍挽利权于万一耳”。（宋国宾《送别西装文》，《医药评论》1934年第2期）在这种舆论压力之下，当局也力表姿态，如广州市党部就通过执委会决议，严禁党政人员穿着西装。但时人伍朝拱认为“若区区取缔党政人员，未免挂一漏万，收效实微”，于是致函当局，主张征收西装税：“凡中国人穿西装者，须到官厅缴纳西装税，每年每人征五十元至一百元……”寓禁于征，较之“打倒西装，国服万岁”的口号，算得上有效之方策。（陈敏群《读伍朝拱主张征收西装税函后》，《生活》1932年第33期）而事实上广东省政府旋即付诸实施：“衬衫用途较广，按物品贩卖业征千分之十税率；西装则按化装品业征千分之二十。”（《规定西装用品裁缝等业之营业税税率》，《广东省政府公报》1931年第170期）西装按化妆品征税，不可谓不重。

不过有一种情况，却是“糟得很”，却又没办法。传统中国，绫罗绸缎，高级得很，体面得很，尤其是苏杭的出品，至今闻名。即便西服风行，苏杭人也是难以割舍。怎么办？一些时髦青年，便在传统的夹袍夹褂制作中，用西式的哔叽呢、直贡呢做面料，以传统的绸缎做衬里。这种美恶倒置惹得老先生们喟然长叹：“优美之国货，只做夹里，黯然无光之外国货，却做面子。无怪乎中国人的面子，都被外国人占去也。”这简直比穿西装还可恶，因为不仅利权同样地外溢，还相应贬抑了作为中华服饰传统精华的“绫罗绸缎”。

比较而言，还是“中衣为体，西衣为用”，能够两面讨好。谢六逸先生就曾撰《谈“文化本位”》说：“我在前年喜穿西装裤、黄皮鞋……上衣则中式长袍，对襟马褂，头上又是铜盆帽，以为颇合‘中学为体，西学为用’之意。后来拙荆以为此不中不西也。何不完全欧化，穿整套西装，外穿大衣，再戴上俄式皮帽，则俨然‘西洋文化’矣。但我又是林语堂的同志，斥穿西服者为套‘狗领’，故仍不采

1935 年上海举行全国运动会时，身穿西服合影的参赛选手

纳。因此之故，我个人上身‘本位文化’、下身‘西洋文化’者有数年矣。”当时不少名流都是这副打扮，比如说胡适。茅盾记述他1921年所见的胡适的穿着是：“我只觉得这位大教授的服装有点奇特。他穿的是绸长衫、西式裤、黑丝袜、黄皮鞋，当时我确实没有见过这样中西合璧的打扮。我想：这倒象征了胡适之先生的为人。七八年后，十里溜洋场的阔少爷也很多这样打扮的，是不是从胡适学来，那可不得而知。”所以有人就概述了当时的观感：“北平时代，知识分子大多穿蓝大褂，西裤，半新不旧的皮鞋；反之则中式服装，满裆折裤腰的裤子。”

随着时局的变幻，民族主义成分的日益增加，也体现在了服饰上，而以蒋“委员长”最为典型。戎装而外，“蒋公”常常是一袭长袍。做学问的人，更是愈做愈“古”。以胡适而论，到其任北大校长时，已变成常常“穿蓝布大褂，冬天罩在皮袍子或棉袍子外面，春秋罩在夹袍子外面，夏天除酷暑时穿夏布杭纺大褂外，一般也是一件单蓝布大褂”，不再是当年的不中不西，或曰亦中亦西了。像学贯中西的陈寅恪，更是传统到土的打扮：“夏天一件大褂，布裤子布鞋；冬天一顶‘三块瓦’皮帽，长围巾，棉袍外套黑面羊皮马褂，棉裤扎腿带，脚穿厚棉鞋。”直到1981年，搞改革开放了，西装再次装点江山，重出江湖，然亦不知能再走多远。

/ 延伸阅读 /

辛亥革命时代的青年服饰

□ 孙伏园

新世纪的曙光照临中国，也和它首先照临欧美一样，把前时代青年服饰上五光十色的刺绣、织锦、镂花等等一扫而尽；代替的不是灰、便是白、或黑、总之是人们都把他手边的一具分光镜收起，心甘情愿的暂时做一下色盲了。

辛亥革命以前十年，我自己十岁上下，也就是庚子拳乱前后，我清清楚楚的记得，那时的青年是包裹在何等五光十色的锦绣之中：杏黄湖绉的长袍、天青宁绸的马褂、雪青杭纺的汗巾、葵绿或枣红挖花三套云头的粉底鞋、再加上什么套裤、扎脚带、折纸扇、眼镜袋、瓜皮小帽缀上宝石、——用现在的眼光来看，真不知道他要干么！自然这些色彩和材料，是我随口说的，但我相信这是个一般的例，并不是个极端的例。男青年如此，女青年更甚。

庚子以后渐渐的不同了。庚子到辛亥革命这十来年，中国青年们的服饰，一天一天的由红绿变成黑白。先从头上看：搽油的渐渐少了；发梢附着大帚各色或黑色丝线的也少了，只代以一条短短的黑色丝绳，那时叫作"混八股"；头发有的渐渐的往里剃去，把长头发只留圆圆的一小块，作今日德俄式光头的准备；有的蓄着极长极厚的刘海发，把平常应剃的一部分完全盖起，往往整年的不剃发，作今日英法式分头的准备；时髦的，或在日本的学校上学的，大抵把长发也剪了，剪了以后便谈不到甚么头发上的装饰了。

其次是全身的服饰。先讨论质料，从前或绸或绉或缎，这时完全不用了。最普通的是蓝竹布长袍、黑呢马褂、斜纹布直脚裤、白线织袜、黑羽缎面单红皮底鞋。这些材料全是外国货，那时青年的爱国思想并不表现在提倡国货上。当前的问题是如何推翻异民族的统治权，辛亥革命以后的五族共和学说还没有萌芽。一切外国的东西都是好东西，这一类思想正在这时开头；所以全身服饰尽是外国货，在青年们也丝毫不觉得可羞。

回想起那一身服装来，有几点是立刻会想到的。

那时的长袍一面承前辈的余绪，一面仿西洋的外衣，大抵长度过膝半尺，既简便，亦美观。今日我国忽有若干纨绔公子，既耻效西洋男子的立领便服和翻领便服，却偏爱西洋女子的垂地长袍，影响惟恐不速，对于三十年前的前辈青年实在应该愧死。冯玉祥先生近有长袍应戳去一尺之提议，我对于这些堕落青年所提倡的垂地长袍且有甚深的恶感。此其一。

那时青年对于小褂和裤子问题，并有多少考虑，裤子由绑腿改为直脚，小半模仿西洋，大半取其省事。这个问题至今没有解决。今日衣服铺里有大批的西式小褂（衬衣）发卖，青年取其价廉，大抵服用，但与旧日习惯大不相同，于是产生了所谓“西衣中服法”，——把衬衣拖在裤子外面！衬衣虽廉，袖扣必须买舶来品，太不值得。而直脚裤毕竟在西洋也有许多人讨厌，骑马乘车，均特有设备，我们实在没有模仿的必要。我以为至少长袍之内，绝对须服中式衬衣，裤子也必须绑脚，我们今日应比那时青年更简便彻底些。此其二。

那时我们有双重国难：国在他人手中而又遭难，好像家宅被强人占据而火灾忽起，主人却站在街上着急。那时主人的一身服饰则如上面所举。现在强人虽去，火灾更甚，那么主人为便于救火起见，应该有什么样的服饰最合式呢？有志的青年实在值得考虑一下。这便是我最后一点感想了。

（选自《越风》1936 年第 20 期）

六十年来妆服志（下篇）

□ 包天笑

人类总是两截穿衣，自颈以下至于腰间为一截，自腰以下至于足踝为一截。虽有许多种族，外表均被有一长衣，而内服大都是两截的。近年来有许多工人服，将衣裤合而为一的，但不过是便于作工起见，此外衣裤合的便少见了。

在我们小时候，男人的裤子，总是扎了脚管的。在穿了礼服时，脚上穿了靴，老是把裤脚管塞在靴统里的。在不穿靴子时，不扎裤脚管的，也有将裤子塞在袜统里的。因为这时候，舶来品的纱袜丝袜，尚未流行到中国来，我们还都是穿的长统布袜。有几位年青爱漂亮的人，便是扎了裤脚管，也是齐齐整整的，用了缎带，或是一种织花的带，绑得笔挺。可是有几位老先生，带子即缝在裤脚管上，随便一束，便觉两腿臃肿不堪，好像两盏大灯笼，这便叫做“灯笼裤”。

裤子总是满裆的，惟小儿则穿开裆裤，便利于溲溺也。惟自西式裤流行以来，前面开裆而加以纽扣。裤之色不一，各随其意为之，惟女子之裤，方用种种娇艳之色，男子不能各随其意为之，惟女子之裤，方用种种娇艳之色，男子不能为妇女之服也。裤亦随时令而转移，从单裤，而夹裤，而棉裤，（后又流行丝绵裤）而皮裤。不过穿皮裤者，江南之人极少，惟北方人御之。从前有一位吴退旃尚书，体弱患寒，到了冬天，穿了夹裤、棉裤、皮裤，都人士戏呼他为“三库大臣”。

在三十年以前，还盛行着一种套裤，穿在裤子之外。有人说是古已行之，名之曰胫衣。其形上口尖，下口平。或单，或夹，或棉，均有之。其质地则或缎，或绸，或纱，颜色也至不一。因为下面扎了脚管，人家也有把各种东西塞在套裤里的。记得我有一位姻长某君，他家颇富有，而性最节俭，出门倘然遇雨，他便将套裤翻过来套上，因为夹里是布质的。有一天，在仓桥浜某妓家吃花酒，客都坐了轿子，而他只是安步当车。天有些下雨了，有一位侍儿说道："某老爷，已经下雨了，你这一双套裤溅了泥可惜，我来给你翻转来吧！"人家都匿笑之，而我这位姻长深赞这位侍儿的能知节俭，深合己意，因之报效颇厚。

套裤不独男子所用，在妇女也常常有之。但是只有北方的妇女，穿了这种套裤，南方的妇女，穿的很少。至少也在江苏镇江以北，扬州等处妇女始穿之。这在于妇女的扎脚管与否，北方妇女扎脚管，南方妇女不扎脚管，惟扎脚管的妇女女，乃穿套裤。

短裤，近始流行，在夏日以一条黄短裤，一件香港衫，可以周旋于大庭广众之间。在我们年青时代，不大穿短裤。然而短裤之制却甚古，汉朝司马相如所穿的犊鼻裤，便是古代的短裤。又有一个名词，唤作牛头裤，因为其形如牛头故。农人们耕田时，跣足露胫，仅以短裤蔽其私处，不为人见罢了。到了后来，妇女的极短的裤子，称为三角裤，竟成了香艳之品了。

在从前，妇女之裤不为人所见，名之曰亵衣。凡成人的妇女，必穿裙子，裙之内，方为裤，对于下体，好似严密深藏一般。北方的大闺女，虽然不穿裙子，然而却扎紧了裤脚管，好似一道防线。北方年轻妇女，好用大红颜色，往往穿一条大红的裤子，大概红色为刺激性的颜色，其次则为绿色。或者红的裤子是绿的带，反之，绿的裤子，便是红的带了。

以前南方女子，也有喜欢穿红裤子的，掩映于罗裙之内，也觉得很为艳秘。但到了后来，渐渐由深红而澹红，直到如今，她们的丝汗衫，丝短裤，不是还流行淡红色的吗？总之，粉红色是一种娇艳而使人陶醉的颜色，妇女们所以每喜用之。

因裤子而谈及裤带，妇女每有用绣花裤带者，不独妇女，男子亦有用此者。然而究觉不大方，且裤带的考究者，仅在夏天，我记的我们老是以白绉纱或白纺绸为之，取其可以洗濯也。后有用织成的硬裤带，而扣以铜环，或有用皮裤带者，然皮裤带于夏令不相宜，透汗有恶臭。穿西式裤有用背带者，然我觉其不及裤带的方便。

新女性有不用裤带的，于裤腰上紧以宽紧之带，可以随意伸缩，这是最近的事。据画家讲人体美的，说：中国女子最觉得遗憾的，是腰间一条裤带痕。然而欲去此裤带痕，惟有不束裤带已耳。

中国究竟为文化礼教之国，所以妇女必穿衬裤。即使现在由长裤而改为短裤，然里面每加以衬裤。若西洋妇女，在家中宴居时，往往不穿衬裤，真可以说“垂裳而天下治”。在盛暑之夜，公园纳凉，芳草如茵，箕踞而坐，则可一览无余。中国人少见多怪，目此为不祥。群相骇笑，其实在欧美妇女界，视为恒事耳。日本妇女，本多穿裙者，然里面亦不穿衬裤者多，惟闺秀令娘，则每穿“股衣”，股衣者，即中国人所称之衬裤也。

有一时代，上海妓家，流行一种服饰。衣短仅及腰，紧束于体，而裤脚管极巨，双股高耸，颇形曲线之态。但行之未久，则又改变形式。裤管由低垂而渐渐高起来，几及于膝。那时有一高姓的妓女，她的袴管最高，有人戏呼之为“高半天”。

妇女的裤子，与缠脚大有关系。在裹足的时代，裤管愈低愈佳，以其能掩护双弓。且有一等妇女，虽缠足而其足并未纤小，于是有装成小脚的，亦必借重裤子，以为之掩护。自缠足解放以后，无所用其掩护。而且舶来品的丝袜纱袜，早夺了旧日罗袜之席，于是裤管既大且博，即行走的姿势，可以大踏步向前，不必再作姗姗之莲步了。

北方女子的紧束其裤，与气候大有关系，因北方地气寒冷，恐腿肿受寒所致。即以男子而言，南方劳动阶级，一至夏日，即多跣足，虽至深秋尚然。若在北方，则跣足甚少，至冬更无论矣。南方妇女的裤子，因为不扎脚管，到了冬天，恐防有风侵入，于是有一种像筒式而翻以棉，上下皆作平口的，缚在小腿上，名曰“裹腿”，外面再以裤罩之。那种裹腿，苏人则呼之曰“卷膀”。

从前妇女，还有穿膝裤的。据考古家说：古时男子也用膝裤，宋史上记载：“秦桧死，高宗告杨沂中曰：朕免膝裤中带匕首矣。”虽如此说，我想名词上同为膝裤，其形式必自不同。至于女人所用的膝裤，却在胫足之间，覆于鞋面。在我儿童的时候，妇女们已经不大用了，但我们还有得看见。在喜庆的当儿，新妇对于舅姑，供献鞋履等物，便有此物列盘中，大概以绿色者为多。

中国的服装，不改革则已，一改革必为西式，所以我说世界的衣服，有渐趋大同之势。我且把鞋袜两事言之：

在西式的袜，未曾到中国之前，无论男袜，无论女袜，都是手制的多。我在孩童的时候，所穿的袜，都是母亲所手制的。三岁以内的小孩子，总是红鞋绿袜。吾家中慈亲，是爱惜物力的，因此绫罗等物，不为儿童制袜。我记得我在五六岁的时候，还是穿的花布袜，后来渐渐改穿为青布袜了，到十岁光景，看见与我年轻相若者，都穿了白布袜，我也要求改穿白布袜了。

从前鞋子上有一条梁，袜子上也有一条梁，鞋梁与袜梁作一直线，倘然歪曲了，便觉得不好看。到后来，流行了一种鞋子是没有梁的，当时称之为“蒲鞋面”。以后，除了有几位老先生，还穿那种有梁的鞋子外，其余便流行了无梁的鞋子。袜子自舶来品输入后，便也没有梁了。正在这个时候，妇女的发髻上，本来扎有一个把根心，此刻这把根心也取消了。时人以为男子鞋上无梁，女子髻中无心，称之为“男女从此无良心（梁）心”。

在未流行洋袜之前，我们都穿白布袜。但这种袜的质料，也都是用洋布制成的。中国在这个时候，还没有纺织厂，还没有大规模的机织厂，可以织布，只有那种半手工的土布而已。洋布进口以后，雪白细致，为人乐用，于是竞购洋布。有好几国都有织成的布匹，运输到中国来，倾销于上海市场。譬如制袜的原料，当时都喜用荷兰布，（荷兰国所产）、花旗布（美国所产），以其坚韧耐洗，愈洗愈白。

布袜也有长统短统之分，长统可以及膝，短统仅能掩胫。袜有单的，有夹的，有棉的。单袜宜于夏，但我们日常所穿的，大概是夹袜而短统。穿两三日后，面有污光，可以翻一转身，再穿一二天。棉袜宜于冬，但尤宜于老人，年轻人病其臃肿，不喜穿也。袜的半进化，到了这个时期，市上袜店林立，他们都用缝衣机器制造，渐渐已脱离家庭手工业的时代了。

在穿布袜的时候，在袜子里面，还有人裹了一块方方的布，这布，呼之为“包脚布”。包脚布有两种，一种是裹在袜子里面的，一种是穿靴子时，裹在靴子里面的。自从不穿布袜，与不穿旧式靴子以后，包脚布便也废了。更有一种，称之为“袜船”的，施之于足，仅有下缘，其形类一船，这袜船两字，颇为新颖。

女子自从放足以后，在鞋袜上，可称一大革命。当其在缠足的时代，重重束缚，以帛或布裁成条，紧束之。其名曰“行缠”，俗谓之脚带。凡上中人家的小女儿，到了四五岁的时候，便要穿耳缠脚了。穿耳，便是在耳朵上贯以两小眼，这不过忍痛于一时，为了将来可以戴耳环的缘故，其实也是野蛮的遗风。至于缠脚，正是使一个女子，受尽一世的苦，为什么中国千余年来，愚陋固蔽，一至于此呢?

语云：“小脚一双，眼泪一缸”，一个五六岁小女孩子，正在天真活泼而发育的时候，把她一双脚裹得紧紧的，走起路来一跷一拐，真觉得残忍。而且这个痛苦，一直要由少年，而中年，而老年，直至下棺材为止，也永远是畸形的了。虽有慈爱的母亲，也不肯放松她的娇女，为的是为将来体面计。因此小女儿为了缠脚，哭哭啼啼，令人心酸，而其母往往咬紧牙关，忍心挥泪为之。这是为了什么？为了社会上尊重缠脚之故。所以像那种恶风俗的遗传下来，实在是社会罪恶，人民愚蠢，有以致之。

记得某女士曾说过：“倘然女子的缠足，为了男子要压抑女性，玩弄女性而使其如此的，我要力能报复，恨不得把中国男子，一个个也使他们缠起脚来，方出心头之恨。”这话自然是出于愤激，然而使中国妇女，受这千余年来的荼毒，怨恨也实在很深的了。因为缠脚之故，而使妇女吃多少痛苦。因为缠脚之故，而使国民身体不健康。因为缠脚之故，而使全中国一半妇女，都成了残废的人。你想这缠脚之害，大不大呢?

缠足的妇女，除缠了脚带之外，外面加以一布袜，名为袜套。此项袜套，亦有用网罗者，古人却肇锡它以美名曰“藕覆”。不是唐朝的杨玉环，在马嵬坡香消玉殒以后，尚留一只称为藕覆的袜子，留于路人凭吊吗？不过我们不知道这藕覆是何种袜子，也不知道唐朝女人的脚，是否束帛像莲钩一般呢?

从前古人对于女人的袜，必称之曰罗袜，见于诗词中者最多。以我所见，江南女子，穿丝织物袜子的不多。偶然以纺绸等制成袜子的，视为奢侈的装饰了。惟妓家颇能推陈出新。偶有于袜上绣以小花的，群以为奇。如赛金花，曾有一度，人见其袜上绣以墨蝶数翼，曾孟朴的《孽海花》中，曾有一个回目，把她穿黑蝶袜的事，叙入其中。

自从放脚以后，当然也不用行缠，无须袜套了。真是得到了大自由，大解脱了。在这个时候，正是舶来品的纱袜丝袜，大量地倾销到中国来的时候了。无论男女，脚上都穿洋袜，但是最可叹的，那时候，中国自己还没有一家织袜厂，全是外国输入的舶来品。据说：在第一次欧战以后，苏联厉行五年计划，她们妇女有一种协定，倘然自己国内没有丝袜厂，绝对不穿丝袜。况且苏联的妇女也和男人要一样的工作，他们常常有妇女工作队，以建设她们的国家，不是穿了丝袜出风头的。可是妇女的天性，总是好装饰的，记得吾友某君，曾送了苏联少女一双丝袜，她非常喜悦，在寻常日子，却不肯穿。直到了苏联自己有了丝袜厂，她们当然也穿起来丝袜来了。

但我们中国的娘儿们，便不管这些，她们就是最喜欢洋货，因此有许多外国商人，到了中国来，第一要调查中国贵妇人所喜欢的那种货色，于是打了样子到外国去定货。譬如说吧，冬天女人手里所捧的热水袋，在外国人向来只不过医院里病人所用的，有什么地方，非得用热水暖一暖，便用了那种热水袋，这功用也和医院里所用的冰袋一样。但是到了中国来后，摩登女子，每人手捧一袋，除了当它是手炉，暖手以外，还可以算装饰品。此仿彼效，销场便好起来了。商人不管什么，只要货物可销，合乎中国女人所需要，于是大量到外国去定来，而且尺寸合度，颜色娇丽，更足以使中国女子爱不能释了。

我今再说到丝袜，丝袜有长统的，有短统的，有中统的，笔难尽述。短统的长仅及胫，中统的可以蔽膝，而长统的直达于大腿的最高峰。至于丝袜的颜色，可以说要什么颜色，有什么颜色。颜色往往随时代而变易，大之在于国家的定制，小之在于社会的好尚，常常为之变换，衣服如此，即一袜之微，亦复如此咧。男人的穿丝袜，有一时代是白色的，有一时代是黑色的，有一时代是灰色的，但娇丽的颜色是没有的，可是女人们的丝袜，颜色却是真多了。大概有一个原则，男人是喜欢深色的，女人是喜欢浅色的。所以女人所穿的丝袜，大概是雪白的，浅灰的，最近又流行肉色的，也取其洁净的意思。

但到了最近，女子到了夏天，又流行了赤脚，那就不必再要穿袜。本来那些似玻璃一般透明的丝袜，虽穿也宛如未穿，又加以其色与肉体相似，似乎更不必多此一举了。但是女子总是爱修饰的，虽然夏天省却了丝袜，然而也花上了腿上的化妆品。据说她们腿上的化妆品，什么油膏咧，香粉咧，恐怕每日的消耗品，也许过于所穿的丝袜吧！

近年来，男女都穿了皮鞋，这也是趋于大同了。然而有一班年老的人，还是喜欢穿旧式的鞋子。我们在儿童的时代，鞋子都是母亲所手制。古人说："慈母手中线，游子身上衣"，其实身上的衣服，也许出于缝工之手，脚上的鞋袜，却大半是慈母手中线了。我在十岁以后，方不穿母亲手制的鞋子，我还记得，我常穿一种黑布面，毛布底的鞋，每双制钱三百文，穿了很舒服。

六十年来，即男子所穿的鞋子，也起了种种改革。以鞋面而言，有云头的，有镶嵌的，有双梁的，有单梁的。也有各种人所穿之鞋，种种不同。如和尚则穿黄色之鞋，菊花中有一种名为"僧鞋菊"者，即以象形而言。道士法师等所穿之鞋，名曰云履，或以红缎为底，而镶以云头。农人则穿蒲鞋。轿夫则穿草鞋。工役则穿快鞋，其鞋面用坚韧之线，密密缝缝之，名之曰"千针帮"。

鞋底亦时时变换，当我在十八九岁时，吴中少年，流行穿高底之鞋，垩之以白粉，高可半寸许。既而又觉高底者不流行，于是群穿薄底之鞋。鞋底通常以皮为之，然而亦有布底者，有纸底者，有氈底者。然皆宜于晴而不宜于雨也。

在雨天，古人当穿木屐，因为我在幼时，每逢天雨，见乡人都穿木屐。现在日本人尚穿木屐，犹存中国古风。而中国各省，亦均于雨时通行之，闽粤两省为尤甚，不论晴雨，不问男女，皆蹑之。街头橐橐之声，时复盈耳。雨天所穿之鞋，尚有一种名钉鞋者，鞋底着钉，故名"钉鞋"（亦有用靴式者，即名之曰钉靴）。但穿之举步甚重，后又流行一种以桐油等漆其底，使不漏水，名之曰"油鞋"。凡此，都是为了防雨所用。及至今日，每逢雨天，则有所谓橡皮套鞋者（亦有长统作靴式者。）觉得简便多了。

在礼服上，男子都是穿靴，凡文武各官，都是穿靴的。靴的材料，大都以黑缎为之，北京从前所制的靴，最为著名。在前朝，靴的式样是方头的，一到了清朝，改换了式样，变成尖头的了。某一次，观某一剧团演戏，故事是属于清代的，因此演员都穿了清代衣冠。但他们所穿的靴，却是方头的，这就不对了。可是古装戏都是穿方头靴的，不过清代的一种朝靴，著以入朝的，也是方头，不知道为什么仍沿旧制，还有，虽然在清代，道士的靴，也是方头。

有父母三年之丧的，改穿布靴，否则大概穿缎布。虽在国丧中，也穿缎靴，惟近支王公，方可以穿布靴。

还有一种薄底短统者，称之为快靴，亦名爬山虎，却是武人们穿的，取其便捷。靴统中亦可藏物，甚至有藏以短刀者。

中国的军士，向来是穿草鞋的，故行步趋捷，且宜于爬山越岭。此种草鞋，各地不同，据说南方军士，如广东、广西军士所穿之草鞋，其质甚佳。近亦有穿布鞋，或跑鞋，惟不能如外国军人的穿皮鞋，或谓穿皮鞋，反不及穿草鞋之便利。

年来无论男女，都喜曳拖鞋，拖鞋是没有跟的鞋子，随便可以拖曳。本来此种拖鞋，仅可以在房闼间随意拖之，可是近年来竟有拖了拖鞋，走出门外的，这觉得太无礼貌了。拖鞋有光怪陆离，制成极花描，也有仅仅以草织成的。若摩登女郎的拖鞋，大都绣以花，甚或绣以轻怜密爱之词以赠所欢。

在女子缠脚的时候，她们的鞋子，谓之弓鞋。其质都是绫罗绸缎为之，上面加以绣花。这种鞋子，大概是妇女们自己制的，倘然在这个时候，而告诉她们将来女子的鞋子，要出一个壮夫之手，谁也要掉头不信，而以为是一种梦呓。所以在我们小时节，市上只有男鞋店而没有女鞋店的。到后来，上海陆续开设许多工作女鞋店，在当日是意想不到的事吧！

女子的缠脚，固然有缠得极小的，但也有缠得不甚小的，名之曰“半拦脚”，在扬州人，称之为“黄鱼脚”。这不过是束之略形瘦削，未曾使脚骨拗折。然而当时妇女则耻为大脚，于是遂有装小脚的，有的在鞋底装以一圆木，名之曰“装高底”，有的用竹片夹住，此种情形，等于演京戏者的花旦装跷，甚以为苦，试想大脚而必欲装成小脚，真是“削足适履，凿枘不入”咧。

到了后来，群起提倡放足，有几位本来未缠过脚的，扯去脚带，实行解放。而有几位已缠过脚的，一时未能放大，然而小脚伶仃，反为人所讪笑。且有年过花信，而志切求学者，但一双小脚，踯躅不前，自己非常悔恨。那时市场中已有女子皮鞋出售，不缠足的女子，以穿皮鞋为出风头，而缠足的则亦勉强穿皮鞋，不得不于鞋肚中塞有不少棉花，方能行路，时人谓之“装大脚”。

自从女子流行高跟皮鞋以来，于妇女的鞋子上，也是一大改革。从前欧美人，每讥嘲吾们中国女人的缠脚，谓其矫揉造作。但高跟皮鞋的弊害，虽不及缠脚之甚，然而穿惯了高跟皮鞋以后，也可以使脚变成了畸形。有几位太太小姐们，穿惯了高跟鞋以后，穿了另的鞋子，竟不能走路。倘然穿了，便觉得脚底痛。甚而至于连她们所穿的拖鞋，也是必须高跟的。

女子何以要穿高跟的鞋子，大概是为了穿高跟的鞋子，有摇曳之美吧？或者因为女子的体躯，总是比较男子为娇小，穿了高跟皮鞋，可以使身体高一点，成了长身玉立吧？不过女子穿高跟鞋子，这也不能算外国独特的风气，在中国也是流行的。即在缠脚的时代，也是纤厥趾而高其跟的。女子的弓鞋，在后跟衬以圆木一块，名之曰“木底”。江南女子，大抵都穿那种鞋子，行时阁阁有声，使人一听，便知道女子步履之音。在古时不缠脚时代，虽不可考，然而也许女履是高底的。因为吴王时代有“响屧廊“，便是当初西施穿高跟鞋的遗迹吧！

从前的女子，临睡时还穿一种睡鞋。那是香艳的，软底的，不染尘的。古人做艳体诗词的那种描画意淫的文人，常常有咏睡鞋的。记得彭骏孙的《一萼红》中，有几句道：‘合欢不解，同梦相偎，天然无迹无尘。巧占断春宵乐事，问伊家何处最撩人？绡帐低垂，兰灯斜照，微褪些跟’云云。与吴蔚光的咏美人鞋《沁园春》中，有几句道：‘有时试浴银盆，似水畔莲垂两瓣轻’云云，同使读了为之魂荡。然而也可以看得出两件事，一件是虽然在合欢时候，也不脱睡鞋的，所以句中曰：‘合欢不解’，而被底撩人，这睡鞋倒有力量。二则：女子当洗浴时，也不脱鞋子，所以‘试浴银盆’时，似‘水畔莲垂两瓣轻’了。

满洲妇女的脚，都是天足，她们的鞋底也是以木为之。其法，在木底的中部(即足之重心处。)凿其两端，成为马蹄形，因此呼之为“马蹄底”。底的最高者，达二寸半，普通也都有寸余，其式也不一，而着地之处，皆作马蹄形。底至坚，往往鞋已敝而底犹再可用。穿此高底鞋者，以少妇少女为多，年老的妇人，都以平木为之，名曰“平底”。少女至十三四岁，即穿高底。可见高底之鞋，是通用于各种族的女子。惟欧美的妇女，高其后跟，而满洲的妇女，却高其足心，为不同耳。

关于女子的装饰，今昔有种种不同，略述如下：

从前女子是都有发髻的，以我所见，最先女子的装饰，有大一半是集中在发髻上的。古时的玉钗金簪，不必言了。最盛行的，曰“押发”，有金的，有珠的，有翡翠的。其次曰“茉莉簪”，(以其形似茉莉。)，亦有金珠翡翠的，更有曰“荷花瓣”，形如押发之半。此三种为最普通的。妇女发髻上的插戴，以金器为多，后又流行“金挖耳”，可以供剔牙挖耳之用。尚有一种名“金气通”，为夏日所用，似簪而中空，有细孔，插于髻中，使空气输入发际也。

自剪发以后，青年女子，颇注意于胸饰。胸饰有两种，一则在衣服之外，一则在衣服之内。在衣服之外者，大都为珠钻之属，有珍珠扎成之花蓝，凤凰，寿字等形式，亦有镶嵌以金刚钻者，其华贵可想。在衣服之内者，则曰金锁片，金鸡心之类，每以金链条扣诸粉颈，县诸于玉雪酥胸间者。金锁片上，往往镌有闺名，或作吉祥语的。若金鸡心则制成一小盒，其中贮有照片，或其爱人，或为慈母，表示其常贮心胸之意咧。

以前女子每留长指甲，以为美观，长者有至三四寸者，其细如葱，时加修剪。其保护此指甲，(留指甲必在无名指与小指上。)使不损坏者，有套以银管者，名之曰“银指甲”。亦有染以凤仙花汁，作猩红色，如今之蔻丹然。惟近今妇女之指甲，则修剪平整，若为弹奏披霞娜起见，那就十个指头，必须片甲不留。

脚镯，亦名足钏，闽粤淮扬之间，男女皆有，以银为之，都属于儿童辈。男子长大，则卸之，女子往往至嫁后产子，方除去之，大约为压胜之具，惟今已作装饰品了。舞女歌倡，竞以脚镯，脚链为饰，掩映于蝉翼丝袜之间。更有系以小金铃者，行步时丁零作响，几疑为花底狗儿也。

世界人类的服妆，恒随时代为改变，在平日间，则五年一小变，十年一大变，若为易朝改制，则更为一巨变。在我所经历的六十年来，固已变迁若此，今后的改变，将更无已时。人类究竟不能毁冠裂裳，赤裸裸的重返回到元始之初，世界无尽，妆服亦无尽。我所述的，仅不过短短六十年的光阴，挂漏的地方不少，尚望读者有所补正咧。

（选自《杂志》1945 年第 4 期）

短旗袍

□ 碧遥

“今年流行短旗袍！”

前天我穿了一件洗染了的旧棉绸衫走到学校，一位爱开玩笑的同事这么赞叹了一句。

起初我当他是玩笑地讽刺，因为这件旗袍，是八九年前的旧物，穿起来能露出皮鞋上四五寸的脚腿。后来在街上仔细看看青年女人，果真知道这是事实。

旗袍之为旗袍，乃是旗人首创。旗妇的旗袍既大且宽，足以御寒也便于上马驰纵。但现在我们的旗袍，既长且窄，衩子极低，仅足够表现窈窕阿娜，闲雅斯文，于做事走路，都不相宜。

回溯一下，十年间旗袍几经变迁：民十三四年初行旗袍，原是妇女的一段解放。因为在那以前，长裙拖地，紧衣束胸，颇有“红裙金莲”的遗孽之感。五四以来蓬勃的妇运，遂使她们革掉了“裙，裳”的命。那时旗袍不长不短，在膝盖与鞋跟的中央，下摆很宽，和男子的长衫无多分别。

其时欧美的妇女，被战线回来的战士战败，一批一批从职业阵败退下来，她们不复能仅夸她们的能力，而须夸她们的“肉体”。于是这影响远播，播到我国的社会上，便如同那无聊的文人所哼的“腿呀，腿的……”妇女的旗袍短到膝盖以上，无论冬夏，膝盖以下是一双纷红丝袜。这是民国十七八年的事。“九一八”以后，各国妇女的地位，都因“不景气”而低落，我国则更因“更殖民地化”而沉沦，妇女不复需要勇敢，敏捷，活泼，豪放，旗袍便一天天地长，长，长到高跟鞋底以下。

然而今年短了，短到了小腿的当中。

人们也许以为这是节约省布的表现，然而未必尽然。

这是抗战时期的妇女，在生活上不再适用那种拖地的长袍，而在意识上也不再爱好那种阿娜窈窕，斯文闲雅。

…………

（选自《上海妇女》1941 年第 12 期，有删节）

论西装

□ 林语堂

许多朋友问我为何不穿西装。这问题虽小，却已经可以看出一人的贤愚与雅俗了。倘是一人不是俗人，又能用点天赋的聪明，兼又不染季常癖，总没有肯穿西装的，我想。在一般青年，穿西装是可以原谅的，尤其是在追逐异性之时期，因为穿西装虽有种种不便，却能处处受女子之青睐，风俗所趋，佳人所好，才子自然也未能免俗。至于已成婚而子女成群的人，尚穿西装，那必定是他仍旧屈服于异性的徽记了。人非昏聩，又非惧内，决不肯整日价挂那条狗领而自豪。在要人中，惧内者好穿西装，这是很鲜明彰著的事实。也不是女子尽喜欢作弄男子，令其受苦，不过多半的女子似乎觉得西装的确较为摩登一等。况且即使有点不便，为伊受苦，也是爱之表记。古代英雄豪杰，为着女子赴汤蹈火，杀妖斩蛇，历尽苦辛以表示心迹者正复不少，这种女子的心理的遗留，多少还是存在于今日，所以也不必见怪，只可当为男子变相的献殷勤罢了。不过平心而论，西装之所以成为一时风气而为摩登士女所乐从者，唯一的理由是一般人士震于西洋文物之名而好为效颦，在伦理上，美感上，卫生上是决无立足根据的。

不知怎样，中装中服，暗中是与中国人之性格相合的，有时也从此可以看出一人中文之进步。满口英语，中文说得不通的人必西装，或是外国骗得洋博士，羽毛未干，念了三两本文学批评，到处横冲直撞，谈文学，钉女人者，亦必西装。然一人的年事渐长，素养渐深，事理渐达，心气渐平，也必断然弃其洋装，还我初服无疑。或是社会上已经取得相当身分，事业上已经有相当成就的人，不必再服洋装以掩饰其不通英语及其童骀之气时，也必断然卸了他的一身洋服。所有例外，除有季常癖者，也就容易数得出来。洋行职员，青年会服务员及西崽为一类，这本不足深责，因为他们不但中文不会好，并且名字就是取了约翰，保罗，彼得，Jimmy 等，让西洋大班叫起来方便。再一类便是月薪百元的书记，未得差事的留学生，不得志之小政客等。华侨子弟，党部青年，寓公子侄，暴富商贾及剃头师父等又为一类，其穿西装心理虽各有不同，总不外趋俗两字而已，如乡下妇女好镶金齿一般见识，但决说不上什么理由。在这一种俗人中，我们可以举溥仪为最明显的例了。我猜疑着，像溥仪或其妻一辈人必有镶过金齿，虽然在照片上看不出。你看那一对蓝（黑？）眼镜，厚嘴唇及他的英文名字“亨利”，也就可想而知了。所以溥仪在日本天皇羽翼之下，尽可称皇称帝，到了中国关内想要复辟，就有点困难。单那一套洋服及那英文名字就叫人灰心。你想“亨利亨利”，还像个中国天子之称么？

大约中西服装哲学上之不同，在于西装意在表现人身形体，而中装意在遮盖身体。然而人身到底像猴狲，脱得精光，大半是不甚美感，所以与其表扬，毋宁遮盖。像甘地及印度罗汉之半露体，大半是不能引人生起什么美感的。只有没有美感的社会，才可以容得住西装。谁不相信这话，可以到纽约 Coney Island 的海岸，看看那些海浴的男妇老少的身体是怎样一回事。裸体美多半是画家挑出几位身材得中的美女画出来的，然而在中国之画家，已经深深觉得身段匀美的模特儿之不易得了。所以二十至三十五岁以内的女子西装，我还赞成，因为西装确可极量表扬其身体美。身材轻盈，肥瘦停匀的女子服西装，的确占了便宜。然而我们不能不为大多数的人着想，像纽约终日无所事事髀肉复生的四十余岁贵妇，穿起夜服，露其胸背，才叫人触目惊心。这种妇人穿起中服便可以藏拙，占了不少便宜。因为中国服装是比较一视同仁，自由平等，美者固然不能尽量表扬其身体美于大庭广众之前，而丑者也较便于藏拙，不至于太露形迹了，所以中服很合于德谟克拉西的精神。

以上是关于美感方面。至于卫生通感方面，更无足为西装置辩之余地。狗不喜欢带狗领，人也不喜欢带上那西装的领子。凡是稍微明理的人都承认这中古时代Sir Walter Raleigh，Cardinal Riohelieu等传下来的遗物的变相是不合卫生的，西方就常有人立会宣言，要取消这条狗领。西洋女装在三十年来的确已经解放不少，但是男子服装还是率由旧章，未能改进，男子的颈子，社会总还认为不美观不道德，非用领子扣带起来不可。带这领子，冬天妨碍御寒，夏天妨碍通气，而四季都是妨碍思想，令人自由不得。文士居家为文，总是先把这条领子脱下，居家而尚不敢脱领，那便是惧内之徒，另有苦衷了。

自领以下，西装更是毫无是处。西人能发明无线电飞机，却不能了悟他们身体只有头面一部尚算自由。穿西装者，必穿紧封皮肉的贴身卫生里衣，叫人身皮肤之毛孔作用失其效能。中国衣服之好处，正在不但能通毛孔呼吸，并且无论冬夏皆宽适如意，四通八达，何部痒处，皆搔得着。西人则在冬天尤非穿刺身之羊毛里衣不可。卫生里衣之衣裤不能无褶，以致每堆积于腹部，起了反抗，由是不能不改为上下通身一片之union suit。里衣之外，必加以衬衫，衬衫之外，必束以紧硬的皮带，使之就范，然就范不就范就常成了问题。穿礼服硬衬衫之人就知道其中之苦处。衬衫之外，又必加以背心。这背心最无道理，宽又不是，紧又不是，须由背后活动钩带求得适宜之中点，否则不是宽时空悬肚下，便是紧时妨及呼吸。凡稍微用脑的人，都明白人身除非立正之时，胸部与背后之直线总有不同，俯前则胸屈而背伸，仰后则胸伸而背屈。然而西洋背心偏偏是假定胸背长短相称，不容人俯仰于其际。惟人既不能整日挺直，结果非于俯前时，背心不得自由而褶成数段，压迫呼吸，便是于仰后时，背心尽处露出，不能与裤带相衔接。其在体材胖重的人，腹部高起之曲线既无从隐藏，背心之底下尽处遂成为那弧形之最向外点，由此点起，才由裤腰收敛下去，长此暴露于人世，而裤带也时时刻刻岌岌可危了。人身这样的束缚法，难怪西人为卫生起见，要提倡裸体运动，屏弃一切束缚了。

但是如果人类还是爬行动物，那裤带也不至于成为岌岌可危之势。只消像马鞍的腹带，绑上便不成问题，决不上下于其间。但人类虽然已经演化到竖行地步，西洋裤带却仍就假定我们是爬行动物。妇人堕胎常就是吃这竖行之亏，因为人类的行走虽然已取立势，而吾人腹部的肌肉还未演化改造过来，以致本为爬行载重于横脊骨上之极稳重设置，遂发生时有堕胎之危险。现在立势既成，妇人腹部肌肉却仍是横纹，不是载重于肩旁，而男人之裤带也一样的有时时不得把握之势而受地心吸力所影响。唯一补救的办法，就是将裤带拼命扣紧，致使妨碍一切脏腑之循环运动，而间接影响于呼吸之自由。

单这一层，我们就可以看出将一切重量载于肩上令衣服自然下垂的中服是唯一的合理的人类的服装。至于冬夏四时之变易，中服得以随时增减，西装却很少商量之余地，至少非一层里衣一层衬衫一层外衣不可。天炎既不可减，天凉也无从加。这种非人的衣服，非欲讨好女子的人是决不肯穿来受罪的。

中西服装之利弊如此显然，不过时俗所趋，大家未曾着想，所以我想人之智愚贤不肖，大概可以从此窥出吧?

（选自《论语》1934 年第 39 期）

辑二

对新时尚的规训与惩罚

中国向以传统悠久深厚而自豪乃至自傲，泛滥所之，且别说创新，即是接受新鲜事物都不易，更别说“没用”且“烧钱”的服饰时尚了。再者，在这种传统和氛围之下，敢于时尚者，往往是社会的“另类”，如20世纪80年代的“花衣服”“长头发”等等，后来在严打中，颇被扫荡了一番；在20世纪初，则是由妓女与优伶名正言顺地充当了时尚的先锋，所幸他们不至于被“严打”，但规训与惩罚，则是少不了的。

问题是，制度既赶不上趟，那规训与惩罚的依凭何在？即有制度，因其屡变，也令人莫之所衷。因此，一些奇里怪哉的惩罚方式，或令人激愤莫名，或令人哑然失笑，总让人感觉是新时尚遇到了旧时代。复杂的是，作为时代之娇的女学生，常常充当了时尚的先锋，先是女学生追随着妓伶，后是妓伶追随着女学生，使时尚的成分交织斑斓，令老爷们的“鞭子”打犹未打，打也难打；这才是新时代的特征，这才是时尚之所尚。更为恼火的是，当权势阶层粉起时尚来，那才是颠覆性的。比如说官家豪门的太太们，常常无视所谓的禁令，当局莫之奈何；官家的规训与惩罚，因此还被调侃为在家里受了夫人太太的气，出来向妇人女子撒野。

如此“面子”所见的“里子”，其实又何止服饰时尚！两千年的衣冠制度，原本就是借此“面子”的裹挟，阻遏作为政权或制度“里子”的改变，作为“里子”的权力制度，当然更不希望衣冠面子轻启变端。而时尚，本质上就是一种新变，变犹不变，不变犹变，时尚匪易，时事艰难。

妓伶引领时尚

讨论民国服饰，几乎众口一词地说，妓女与优伶引领了潮流。如葛元煦《沪游杂记》所谓“男则宽衣大袖学优伶，女则靓妆倩服效妓家”，学优伶影响有限，效妓家则影响甚广。

在近代以前，良家妇女衣饰，受制于家国规矩习俗教条，充其量在花边绣口等上面下下功夫，式样色彩等方面难有作为。青楼可以例外，那也是“工作需要”。远者难考，关于秦淮八艳的故事文献多有，其中就有不少惊艳的服饰记录，只是时人不敢辄效。这一切，到了晚清，到了上海，尤其是因为租界的关系，渐渐得到改观。如徐珂所言，上海青楼妓女仿佛成了时尚的代言人，什么“靓妆倩服”，都是她们先穿上了身，再造成风尚，风尚所趋，良家妇女，变本加厉，“尤而效之”，这样传导下去，很快就风行内地了。笔者曾在《点石斋画报》看到一组画，画的是尚仁里妓院一群狎客饮酒作乐，约定每人各召一妓，应召者不得衣着相同，二十余妓姗姗而至，或头戴钿子身穿旗袍，或梳东洋头穿日本和服，或穿长袍马褂戴墨镜作男子装，或袒胸露臂长裙曳地草帽垂花作泰西装，甚至有穿道姑装的，异彩纷呈，引人注目，可谓徐珂之说的图解。

更为关键的是，此前妓女抛头露面的机会不多（否则被以伤风化论治，或被目为“流莺”），影响社会有限，到了这时，却以出游为时尚，不仅肆意遨游，“不遍洋场不返家”，而且公然进入作为男人公共空间的茶楼，“男女纷纷杂坐来”。（《续沪北竹枝词》，《申报》1872年7月8日）如此行径，自是引人侧目，而侧目所见她们身上的新奇装束，更是情不自禁地加以仿效，连大家闺秀也不能例外，令人感叹：“自是中国妇女无论何大都会，全取标准于妓院中人矣！”（屈半农、景庶鹏《近数十年来中国男女装饰变迁大势》，《先施公司二十五周年纪念册》，先施公司1924年编印）“时髦”一词的出现，就是这种时尚最经典的诠释：“‘时髦’一词最初是上海人对乔装打扮、穿着时新的妓女、优人的称呼，如‘时髦倌人’‘时髦小妹’等。后来喜着时新衣装的人愈来愈多，时髦两字就不再为妓优所专有了，时髦的词意内涵也丰富起来。”〔乐正《近代上海人社会心态（1860—1910）》，上海人民出版社1991年〕

妓伶引领时尚，在时入民国，而影剧未兴的时期，是物有更甚：

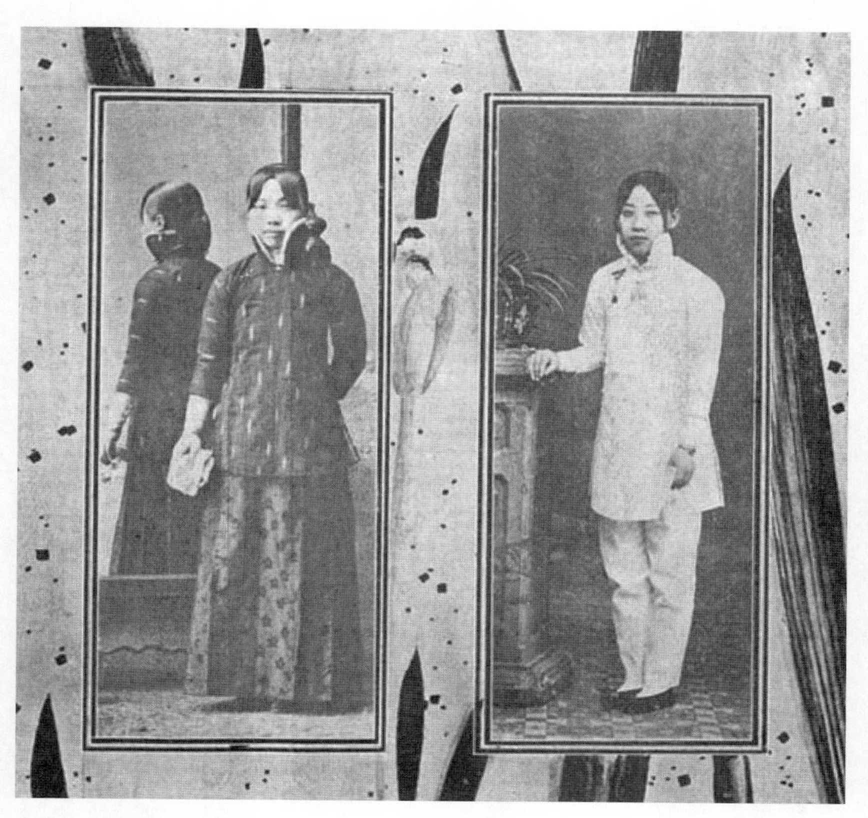

穿着时髦服装的妓女

“不领之衣，露肌之裤，只要妓院中发明出来，一般姑娘小姐，立刻就染着传染病，比什么还快……”（《妓女的衣着》，《红杂志》1922年第13期）妓伶引领时尚的另一蹊径是当N奶（小妾），因为“妇女妆饰的改革多创始于娼妓；官宦家的侧室多出于勾栏，其妆饰当然与娼妓一律。富贵人家的妇女再相率效仿，于是新式的妆饰便可传染于上层人家的闺阁了”。（权柏华《近二十五年来各大都会男女装饰的变迁》，《先施公司二十五周年纪念册》，先施公司1924年编印）

对于这种状况，时人曾有反思，以为“自清朝以来，满洲异族之装饰，既不与汉人相通，而吾人闺阁复渐趋腐化，耻言新制，于是陈陈相因，而此种特权，无形递邅于娼优之手”。（王小隐《关于装饰》，《北洋画报》1927年第117期）思想是行动的先导。嗣后，随着社会的进一步开放，太太小姐们便开始从妓伶手里抢夺时尚之权了，打前锋的，则是女学生。

女学堂抢班夺权

晚清十年的最后变革，于时尚影响最大的，当属女子学堂的兴起。中国女子走向社会，固然姗姗来迟，但女学生，可算提前入世。据不完全统计，到1909年，全国已有各式女学堂308所，女学生14054人，其中还不包括为数不少的教会女校学生。（陈翊林《最近三十年中国教育史》，上海太平洋书店1930年）而当时女学堂章程多模仿日本或欧美，大都明确提出不缠足和衣饰整洁的要求，予人以清新纯朴的形象。随着上海等地开放女学之风日盛，女学生也成为社会和男权注视的焦点，女学生的装饰打扮，也成为一种别样的时尚。居家少女，对此心有憧憧："家家姐妹费商量，不斗浓妆斗淡妆。想是名花宜素艳，一齐浅色看衣裳。"（黄式权《淞南梦影录》，上海古籍出版社1989年）这种清新之风，惹得男界跃跃欲试，尤其是新派人物，更是趋之若鹜（当年如此，今日不亦依然？）。女为悦己者容，于良家妇女然，于青楼妓女更然，嗅觉敏锐的北里佳人，以其职业敏感，及时捕捉了这一信息，迅速仿效。不过世人多好俗艳，也有女学生仍然效法妓女，让人不快："妓女效女学生妆饰，意在博欢新人物，而女学生效妓女妆饰，胡为者。"（悲秋《挥扇闲谈》，《申报》1912年8月11日）对这一节，徐珂的《清稗类钞》写道："自女学堂大兴，而女学生无不淡妆雅服，洗尽铅华，无复当年涂粉抹脂之恶态，北里亦效之。故女子服饰，初由北里而传至良家，后则由良家而传至北里，此其变迁之迹，极端相反者也。"

入民国后，尤其是五四新文化运动的开展，女学生装束的社会影响进一步扩大，并波及整个社会面，从而赢得了一个时代的称号——“文明新装”。文明之风，风吹草偃，妓家也不例外，而且更加积极主动。鸳鸯蝴蝶派拂云生的《十里莺花梦》有一段妓女莺莺与下人的对话，对此做了形象生动的反映：“戆大，你当我上学堂也打扮的出堂差一样吗？爱国布旗袍一件，本色面孔一只，那一个敢说我不是女学生？”再则，到了这个阶段，因为沾上“文明”的光，穿上女学生装，不独显得清纯，抑且有增高贵。“貂狐金绣”的妓女，被目为庸妓，穿学生装的妓女，才是时髦而高尚。（李家瑞《北平风俗类证》，北京出版社2010年）

《时髦的学生装》，《玲珑》1931年第1卷第38期

《上海女校运动服装》，《今代妇女》1930年第14期

北里效学堂，由一时之风，转为持久之行（今日依然不绝如缕），引发了社会的关注，也引起政府的反应。例如，1935年山西当局借取缔妇女时髦服装之风，“规定妓女须烫发和着高跟鞋。换句话说：凡烫发着高跟鞋者就是妓女”。稍后，杭州也宣布取缔烫发，广东省教育厅更是出台男女学生装束条例，通令全省学生遵守，重点是对女学生装束约法三章：不得烫发；禁止涂脂抹粉及穿高跟鞋；不得戴钻石戒指手镯等饰品。（《取缔妇女时髦服装》，《玲珑》1936年第6卷第3期）凡此种种，皆为从服饰上明晰妓女与女学生的界限。然而，世俗世俗，清纯终归要走向世俗，并且在清纯方兴之中，就充溢着世俗的胎动。

对学生装的规训

当年的女学生装束，在国中颇有横空出世之概，其实是从日本“拿来”，自然颇受从日本留学回来或受日本影响的新派人物的欢迎，而于旧式人物，则颇不以为然。女学生装束，除白衣黑裙外，在发髻上戴蝴蝶花的东洋发式及好施围巾两个特征，均曾受人讥嘲。有人调侃其发式还好，不过徒有其表：“当头新髻巧堆鸦，一扫从前珠翠奢。五色迷离飘缎蝶，真成民国自由花。”调侃围巾，则颇恶毒，讽如自缢的杨贵妃返魂：“两肩一幅白绫拖，体态何人像最多？摇曳风前来缓缓，太真返自马嵬坡。”（谷夫《咏沪上女界新装束四记》，《申报》1912年3月30日）

服饰问题，有如围城，学堂外面的人，欣赏女学生装束的清纯，可女学生们却向往着世俗的艳丽，在时髦风盛的上海尤甚，相对保守的北方人尤其看不惯，认为“女学生之服装所以特成一格为人所重者，在其富于中和性与天然性”，像上海女学生服装，富贵华丽，像是二奶与三陪（姬侍）的行头，“最为失之”。（轩渠《记辽宁女生之服装》，《北洋画报》1930年第539期）而最令人头疼的是，女学生要做操，做操要穿裤，但是此前除了妓女，良家女子是不穿裤的。这让女学生们捡了个大便宜。曾国藩的曾孙女曾宝荪就回忆说，她1904年在长沙读书时，“每日有体操，并定制操衣，每日四点钟放学后，便操瑞典柔软操十分钟，我们因有操衣穿，也很发生兴趣”。（曾宝荪《曾宝荪回忆录》，岳麓书社1986年）上海如此，广州亦然。所不同的是，上海患的是“富贵病”，广州得的是“革命后遗症”，女人们乘着革命的东风走上街头，服式也“革命”到古怪的程度，惹得女学生亦纷纷效法，连革命当局都看不过眼，“教育司以此等服式，令人鄙视，殊非女学生所应为”，意欲规训惩罚。（《取缔女学生之服装》，上海《教育杂志》第5卷第4期）

对女学生服装的规训，当局一开始即意识到了，早在1911年9月3日即发布了《学校制服规程令》，规定“女学生即以常服为制服”，“自中等学校以上着裙，裙用黑色”。此外，还不得烫发，不得穿高跟鞋等。但对于因操而着的裤装，却也只能网开一面。即便在革命改元以后，面对“革命性”的反弹措施日趋严厉的情形，在革命首义地武昌，也只是规定“女生褂裤，俱用竹青洋布，褂与膝齐，裤须没胫”。（《取缔女学生之服装》，上海《教育杂志》第5卷第4期）压力总会寻找缺口，有的学校趁机规定操衣上装短袄束腰带，下穿裤子以带绑束，使操衣渐成常服。一旦成了常服，制作便更加用心，“式样十分漂亮，领、袖、裤管上均饰有红镶边的宽黑条，穿上十分威武”，“学员有终日穿操衣上课者，甚至有出外亦不换便衣者”。〔俞子夷《蔡元培与光复会革创时期》，全国政协文史资料研究委员会《辛亥革命回忆录》（七），中国文史出版社2012年〕

相对而言，革命策源地广东，在服饰风气上反而转趋保守，言辞上严厉不少，对裤装不稍加通融。如教育厅发布的规训布告说，“人格尊贵之学生，身佩襟章”，却效“举止佻达，长袜猩红，裤不掩胫”的“无知识者”，“殊非自重之道”，故而严令女学生“自中等学校以上着裙”，务求“贫富能办，全堂一致，以肃容止，以正风尚”。（《取缔女学生之服装》，上海《教育杂志》第5卷第4期）其实，这也不过是官场的明规则，潜规则中，女学生裤照穿，当局也莫可奈何。

校服正传

校服初现中华，令人眼前一亮。白衣黑裙，清新靓丽，一下子接了潮流的轨；接轨之易，教会学校功莫大焉。于今最习见也最经典的校服女生图片，当是林徽因身穿北京培华女中校服，摄于1916年的一帧；林氏时年12岁，培华正是教会贵族学校。那个美啊，至今惹人遐想，也令人愤恨——何以今日校服如此？难道是为了遥抗教会普世的入侵？也确实，从来上层贵族在生活上往

1916年，林徽因（右一）与表姐妹们的合影，她们身上穿的是北京培华女子中学的校服

往更易与普世潮流接轨，校服也是一个反映。而早期新式学堂甚少，能入者大抵非富即贵，是以穿起校服，等于亮起了身份。在封建时代，这身份就意味着特权，特到可以欺压平民。而且校服毕竟不同于官服，僭服则违法，所以，有些无赖之徒，便“摹仿学生装束游行市中，借为欺压平民之具”，直闹到当局出面严禁仿穿。〔《示禁仿冒学生装束（江宁）》，《申报》1905年7月3日〕

仿穿校服惹是非，仿穿女子校服更惹是非。女子校服从表面上讲当然因与传统服饰迥异而自成时尚，更深一层，女子而能入学堂，实属凤毛麟角，官员们甚至更加看高一格，认为“女学生之人格极为尊贵”，更加不容效仿，尤其是不容妓女效仿——无论从追求时尚以及自占身份的角度，最乐于效仿的偏偏是妓女。〔《女学生服饰岂容妓女效颦（长沙）》，《申报》1910年11月27日〕虽然后来也有人苛严地说，“女子之上学堂，无非藉此长些身价，以求自售于男子，实与妓家之行无异”。然而，毕竟在学堂之时，严女学生与妓女之界域，也实在是有关风化的大节。所以，民国时期，当局对仿穿女子校服的行为，是屡行严查的。如《申报》1912年11月25日《警务长查禁暗娼》的报道说，上海警务长发现福佑路一带有妓女效女学生装束，每至夕阳西下，倚门卖笑，勾引青年子弟，妨害风俗，遂“令饬干练暗探在本境详细调查明白，速即禀复，以凭核办”。其实，风化的问题，也不是警局所能管得了的，特别是当时沪上妓女效仿女学生风气甚盛，呈公开化之势，还曾有人撰文戏谑，十足解颐。如有署名钝根的人戏拟了一则《全球最新特别改良大药房》广告刊登在1912年3月4日的《申报》上，大力推介所谓的“橡皮脚板”，说小脚的妓女们，只要将这种橡皮脚板用电气镶于脚踝骨上，即与天足无异，即能学时髦作女学生装，即能穿西式高底黄皮鞋，即能行路便捷，而且“能亲自追捕漂账客人”，我们的康圣人当年在上海就漂过一回账。

然而，是否对于女学生装束过分保护，以至于良家女子也不敢仿效呢？比如说穿裤，初期固有些青楼嫌疑，到后来盛行成风，也就成了十足的学生装了，却只能是学校内穿得学校外还穿不得，这很让一些主张进步解放的人士不满。（弇邃《女子的体育》，《晨报》1921

年3月29日）

随着物质生活的进步和时尚的发展，在一定时期，对女子校服的保护，变成了保护落后，也让女学生们颇为不满。如《申报》1924年7月22日黄转陶的《夏令妇女装束谈》说：“现在女学生的装束，大有日新之势。对这种日新之势，我们的态度，应该是摈除艳色，力趋淡雅，尤其是夏季更应如此。有的女学生想改变一下，添点色彩，即被讥新旧参半之奇装，甚不雅观；闺中女子仿效一下，也被讥驳杂不纯。只准单一素色，或极浅之蓝、极浅之湖色素，以为只有这样，才能淡雅中微带娇艳气，恰到好处，能显其真美，不为庸俗脂粉所熏。除了色调，连用料也框死了，要求不尚华丽，舍昂而求廉，不外洋纱麻纱之类。”这种外洋纱，就像20世纪80年代廉价的尼龙布，风行一时，旋即被贱弃，可女学生却仍被要求穿用，还说这种衣料，只合于女学生，“盖无一些艳俗气耳”。这样发展下去，凤凰也变成母鸡了。想到这一层，今日的女学生装，再怎么不好看，也能释然。

且慢，随着北伐成功，国民革命取得胜利——这可是资产阶级革命的胜利，沿自封建末期的女子校服似乎也要来一场资产阶级革命了。时人的观察记录说，女学生装之风尚，随着革命的成功，“多矫枉昔日‘蒙蔽装’而过甚，使腰身异常狭小，全部如束帛”。如此曲线玲珑，凹凸有致，让人爱恨交加。爱的是“此在青春女子有若是之装束，固有相当之美”；恨的是“胸凸于前，股突于后，如欧洲中世纪之古装，反觉其不美”。（李寓一《解放束胸后之装束问题》，《申报》1928年10月1日）紧接着，让人更爱更恨的娘们的旗袍，也引进了校园。不仅如此，连下摆长短、袖子的款式等，还得就着女学生来呢！《旗袍的旋律》就记述说：“短旗袍到十九年，因为适合女学生的要求，便又提高了一寸。可是袖子却完全仿照西式，这样可以跑跳自如。”这是因为革命赋予了女学生新的象征广告——“象征了当时正被解放后的新女性”。从文学史方面，我们看到此一时期大量新女性小说的出现，也从侧面印证了这一点。

在革命的旗帜下，妓女形象也一度被赋予革命的色彩，在服饰时尚上，终于可以与女学生携手并进了。比如说，中国女子传统的服装没有曲线感，现在则是力求曲线美，而推进这个原动力的有两种人物：学生与妓女。前者是有革命性的，认定某种式样的服装是好的，就大胆地穿起来；后者是有诱惑性的，力求肉体美的显露以图吸引她们所希望的对象。这两种人物是不一样的，但她们的服装则均朝着一个趋势走：宽大的衣裳变为很紧小的，贴包着身子，废除长裙改穿短裙短袖子露出臂膀的大部分，旗袍开衩显出长筒丝袜。真是所谓殊途同归，受众哪管始作俑者是妓女还是女学生。硬要做个分别，不妨认为，女学生的新装易于推行到大家闺秀里面去，妓女的新装易于推行到一般妇女，“然而这个界限实在不能分清”。（更生《人要衣装，佛要金装》，《民生》1933年第16期）对比一下今日的情形，也实在没有分得清楚的必要。

女学生装赶上了好时代，男学生装则更上一层楼，成为国民革命军军佐军属的标准制服——南京卫戍部队整肃军纪的一条，就是“军佐军属、不谙陆军礼节者，不准衣长袍，一律着学生装”。（《京卫戍部整肃军纪》，《申报》1928年10月10日）

妓伶避席，明星擅场

自1905年中国试拍第一部电影后，到20世纪20年代，电影业渐成气候，明星也一批批地被培养出来。明星对于时尚的影响，今人自易想象。在服饰方面，那真是妓伶避席，明星擅场的时候了——“新衣奇饰，皆出电影明星手造”。不仅如此，当年时尚唯青楼马首是瞻，如今避之唯恐不及。有一则报道说，当时上海最流行的“长半臂，隽逸有致”，就因为有人在福州路妓院青莲阁看见有雏妓也穿着，便预言“长半臂不久将为高级社会所唾弃，盖时妆一入青莲阁区域，是其末日也”。并由此形成一首竹枝词，足见此乃社会共识：“半臂连裙贴地圆，明星意匠总翩翩。时妆时到青莲阁，一上鸡身不值钱。”（白云《上海打油诗》，《上海画报》1925年9月12日）看来，此际的明星仿如天女下凡，妓女则沦落有如时尚之蝇，十足败兴。孰知二者原本是一家人呢？

明星擅场，舞女争风。明星固然风光，但总不如舞女来得近身贴切；再则像上海舞女甚众，招摇过市，对大众服饰能起到日常性的影响。所以郑逸梅说：“妇女服装大概出于摹仿。从前奉青楼中人为表率，后来电影风行，那些千娇百媚的女明星为一时代之时髦人物，所以一衣一饰莫不为寻常妇女之模范。降至今日，明星落伍，由舞星起而代之，于是舞星的妆束大家都非常注意，并鞋袜之微也加上跳舞鞋跳舞袜的名称。”（郑逸梅《妇女妆束羼谈》，《紫罗兰》1929年第10期）《良友》讨论各个年代的旗袍，也多以影星舞星为例言：“十五年前的梁赛珍（广东人，与胞妹梁赛珠、梁赛珊、梁赛瑚同时活跃于银幕，被称为“梁家四姐

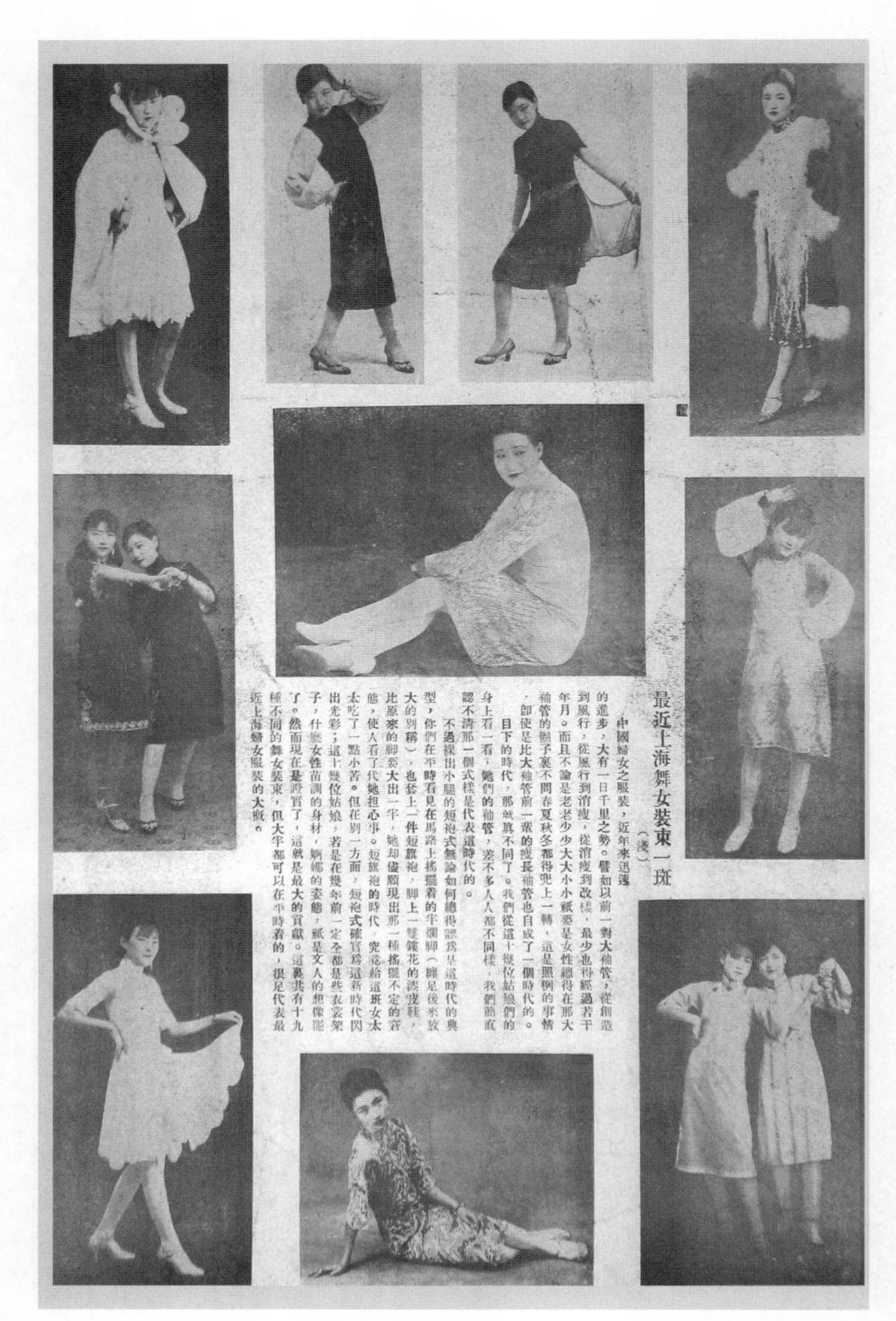

最近上海舞女裝束一斑

（淺）

中國婦女之服裝，近年來迅邁的進步，大有一日千里之勢。譬如以前一對大袖管，從創造到風行，從風行到消瘦，從消瘦到改樣，最少也得經過若干年月。而且不論是老老少少大大小小祇要是女性總得在那大袖管的圈子裏不問春夏秋冬都得兜上一轉，這是照例的事情，卽使是比大袖管前一輩的瘦長袖管也自成了一個時代的。

目下的時代，那就眞不同了。我們從這十幾位姑娘們的身上看一看，她們的袖管，差不多人人都不同樣，我們簡直認不淸那一個式樣是代表這時代的。

不過裸出小腿的短袍式無論如何總得認爲是這時代的典型，你們在平時看見在馬路上搖擺着的半欄腳（韓是後來放大的別稱），也套上一件短旗袍，腳上一雙鑲花的漆皮鞋，比原來的腳要大出一半，她卻儘顯現出那一種搖擺不定的窘態，使人看了代她捏心事。短旗袍的時代，究竟給這班女太太吃了一點小苦。但在別一方面，短袍式確實爲這新時代閃出光彩；這十幾位姑娘，若是在幾年前一定全都是些衣裳架子，什麽女性苗調的身材，婀娜的姿態，祇是文人的想像罷了。然而現在是證實了，這就是最大的貢獻。這裏共有十九種不同的舞女裝束，但大半都可以在平時着的，很足代表最近上海婦女服裝的大概。

《最近上海舞女装束一斑》，《上海漫画》1928年第42期

妹”），穿的就是这么一件初期的长马甲。”“旗袍高度，到二十年又向下垂，袖高也恢复了适中的阶段，皮鞋发式都有进步，当年名媛许淑珍女士，她所穿的服装，正可充作代表。”“当时颇负时誉的上海交际花薛锦园女士，可以代表盛行于二十一年的旗袍花边运动，整个旗袍的四周，这一年都加上了花边。”“旗袍到二十二年，不但左襟开叉，连袖口也开起半尺长的大叉来，花边还继续盛行，电影明星顾梅君女士，当时穿过这样一件时髦旗袍。”“开叉太高了，到二十四年又起反动，陈玉梅和陈绮霞两姊妹（广东人）都改穿了低叉旗袍，但是长度又发展到了顶点，简直连鞋子都看不见。”（《旗袍的旋律》，《良友》1940年第150期）

影星舞星，多有靠脸蛋靠衣妆吃饭的成分，有时难免穿得出格过火，惹出事端，而为当局所不容。民国史上轰动一时的内衣外穿耐梅装就是。1929年夏，活跃于上海滩的广东籍豪放女星杨耐梅到长沙“走穴”时，所

上／梁赛珍

下／电影《空谷兰》之杨耐梅

穿服装“衣薄如蝉羽，肌肤毕呈”，“袒胸露背，长不逾膝，下无裙裤”。说白了就是把西洋妇女的内衣当外衣穿。长沙当粤沪之间，民国迄于今日，在大众流行方面，两头效仿，易出奇招。所以，当时的长沙妇女纷纷效尤杨耐梅，一时形成了“耐梅装”；当局认为有伤风化，厉行禁止，连一向鼓吹西式内衣的绾香阁主也表赞同：“长沙之耐梅装，殆内外俱不挂一丝，仅此一筒，则在吾国，今日似尚不至服此程度，是宜禁也。” 然而，世风既下，禁得了此耐梅装，禁不了彼耐梅装：“自此内衣风行之后，洋货店中仍有所谓‘跳舞背心者’，索而观之，盖即西妇之内衣而具上述之形式者也。”（绾香阁主《释耐梅装》，《北洋画报》1929年第348期）

不爱红装爱武装

20世纪70年代以前出生的人，都会对“不爱红装爱武装”深有体会。女子穿上了男子化的军装，总被形容为英姿飒爽。在民间，女子打扮成男仔头，有一段时间里也会收获颇多赞美。一般人认为这是拜毛主席的诗歌语录《为女民兵题照》（飒爽英姿五尺枪，曙光初照演兵场。中华儿女多奇志，不爱红装爱武装）所赐。信然，但这并不是毛主席晚年的心血来潮，而是一生的策略。当年他老人家在长沙主持《湘江评论》，1919年7月14日的创刊号上即发表了自撰的《女子革命军》，有言：“或问，女子的头和男子的头，实在是一样，女子的腰和男子的腰，实在是一样，为什么女子头上偏要高竖那招摇畏风的髻？女子腰间偏要紧缚那拖泥带水的裙？我道，女子本来是罪人，高髻长裙，是男子加于她们的刑具，还有那脸上的脂粉，就是黔文，手上的饰物，就是桎梏，穿耳包脚为肉刑，学校家庭为牢狱，痛之不敢声，闭之不敢出。或问，如何脱离这罪？我道，惟有女子革命军。”

当然，时势造英雄，毛泽东的这种主张，也是渊源有自。清廷鼎革前后，革命党人的鼓噪之一，包括剪发易服，男女平权。男女平权最直接的表现就是女子男性化，革命派的烈女秋瑾，就是一个典型。她是“希望从改变服饰使自己从外观到心灵都趋向男性”，曾明言：“我对男装有兴趣……在中国，通行着男子强女子弱的观念来压迫妇女，我实在想具有男子那样坚强意志，为此，我想首先把外形扮作男子，然后直到心灵变成男子。”（小野和子《中国女性史——1851—1958》，四川大学出版社1987年）而孙中山1916年4月6日推动广东宣布独立，1917年10月9日主持北伐事宜，重组女子北伐队，南海九江儒励女书院以张醒侬为代表的学生亦在学校组织娘子军参与其事，无疑更是毛先生思想的直接渊源。

这革命的渊源再往前溯一点，就似乎有点反革命的嫌疑了。因为最初女效男装的，乃是女伶与娼妓。包天笑的《六十年来妆服志》说：“有一时代，女子颇有作男装的，甚为彻底，自衵服以至外衣，全是男性的装束，惟此事名门闺秀，以及小家碧玉均少见，大概其一出之于女伶，其二则出之于倡家。”当然，她们如此装束，也有一定的革命性——她们总是被男人“压着”，穿一阵男装，颠倒一下乾坤，也算得上一种仪式上的报复。既然如此，各有关当局当然会做出反应，加以禁罚。不过潮流既兴，罚也罚不住：“自五年前（1899）天津赛月楼有妓女以男装受罚，而此风为之一戢，近来则星加坡、羊城等，尚不少衰，而上海等处之唱‘髦儿戏’（少女着男装唱戏）者，则更仆难数矣。”（《妓女男装之当禁》，香港《中国日报》1904年3月12日）

在服饰的发展上，妓伶效男装倒真具有一点革命的意味。“此种装饰，更宜于冬日，貂冠狐裘，玉容掩映，也颇见风华。在北方之女伶名

女战士装，《玲珑》1932年第2卷第51期

倡，也颇好作男装者为硕人颀颀者，尤为相宜。据她们说：穿男衣服，较为温暖，故于冬日尤宜。”（包天笑《六十年来妆服志》，《杂志》1945年第2—4期）前面我们说过，旗袍产生的一个原因，也是效法男袍的方便，舒适也保暖。故包天笑又说：“自旗袍流行后，也足以暖体，穿男装的也渐少了。”女子可以着男装，男装的元素，可以设计到女装上来，当然会导致服饰革命性的发展，旗袍即是显例。

妓伶扮男装的革命性表现，在国民革命的高潮时达到高潮。1927年北伐军占领武汉后的第一个三八节，各界群众举行盛大游行，国民政府的党政要员也多有参与，最具革命性的一幕随之出现：名妓金雅玉率领十八名姊妹全裸加入，高呼“打倒军阀！打倒列强！中国妇女解放万岁！”的革命性口号，队伍一时阵脚大乱，各大报章更是纷纷扬扬。有的认为这完全是共产党在后面操纵，而榜样是苏俄：“自苏俄共产党举行裸体大游行之后，凡俄之通衢大道，俄女率赤裸裸一丝不挂，下部粘以纸花，两乳各贴白纸一方，名曰‘免羞’。”苏俄是师傅，我们是徒弟，自可效仿，妓女尤可效仿。只不过文章略过妓女，径直写成了女共产党员或共产党组织的裸体游行：“武汉共产妇女游行，传之已非一日，届时有主张‘来者不拒’及‘与人同乐’之说，报名者曾达二千五百余人（现闻已禁止举行）。”（《偶成》，《北洋画报》1927年第86期）

当时由于共产主义入中国未几，共产党内的行事规则也没有很好地建立起来，导致世人多有“共产共妻”等的误解或曲解，连周作人这样当时比较革命的人，先是写了一篇《裸体•擦背•贞操》的文章，借日文《北京周报》的话予以赞扬：“特别是在向来包足覆乳，古时还把脸都包起来，就是现在也不使肉体触着空气的西洋和支那的女子，这样办是有意义的事。”后又作《裸体游行考订》表达疑惑：“自从武汉陷落，该处遂成为神秘古怪的地方，而一般变态性欲的中外男子更特别注意该处的所谓解放的妇女，种种传说创造传播，满于中外的尊皇卫道的报上。”这种报道，自然诱发了反弹，一些“顽固家庭”，“视女子剪发为淫荡，不许女子剪发”，军阀褚玉璞，更是

以“无发即无法”的理由下令禁止女子剪发，否则从严处罚。（卢梦痕《剪发》，上海《民国日报》1926年10月18日）

既然连妓女裸体游行，都成了“革命”与“共产”的象征，那真正革命的短发束胸的装束，便注定要经历一段风雨如晦的日子。

北洋当局禁止女子剪发束胸，以防国共党人的混入，是因为此前确有查获“（国民）党军（女）侦探，利用剪发，男扮女装，女扮男装，混入人丛中”，进行革命宣传或侦刺情报，令当局防不胜防，捕无从捕。（《剪发问题》，《北洋画报》1926年第45期）但是，到了两军交接，就可以报复性地特别处置了——对剪发束胸的“武装”女子，肆意绞杀。“1927年秋冬之际，所谓西征军到了。武人与当地的豪绅见了剪发女子，就疑她们是共产党。”特别是闹出妓女裸体游行的武汉，剪发当年“实在成了革命高潮的象征”，如今武人豪绅们对剪发女子的绞杀，也成了反革命高潮的象征——“残杀是首先加于剪发女子的，被杀以后，露卧在济生四马路上，还得要剥衣受辱”。北洋军阀还煽动起民众对剪发女子的仇恨。例如，武汉洪山以西有几条村庄，因为曾被革命队伍宣传并强制剪发，30多名不愿剪发的女子乘船躲到湖汊里，不幸遭遇暴风覆没，军阀当局便激掇当地人起而仇杀短发女青年。〔陶希圣《妇女不平衡的发展（一）》，《妇女杂志》1930年第9期〕形势变得有些恐怖，以至谣言满天，说“孙（传芳）联帅来后，凡剪发的女子都得杀头”。有些当时是出于赶时髦或被迫爱“武装”的女子，则后悔莫及，“‘接发无术，眼泪洗面’。姐姐嫂嫂怨形于色，大有‘死必为厉鬼以魅汝’之慨。”（李哲先《关于束胸及其他》，上海《民国日报》1930年7月4日）真是惶惶不可终日。

对此，鲁迅先生的文章中也有记录。他的《忧“天乳”》写1927年间，军阀每攻占一地，“遇到剪发女子，即慢慢拔去头发，还割去乳……这是一种刑罚，可以证明男子短发，已为全国所公认。只是女子不准学。去其两乳，即所以使其更像男子而警其妄学男子也”。

女效男装的西洋时尚

不爱红装爱武装，固系时代的革命潮流所裹挟，亦由于西洋服饰时尚的侵袭。最资说明的是，20世纪70年代末，国门重开，我们的“武装”女子，也再度惊诧于西洋女子穿着的男性化，并渐渐明白，早年的女效男装，是一种解放，而进一步的“武装”化，实系一种变相的甚至变本加厉的压抑。

中国女子，长期被服制的各种条条框框包裹得严严实实，而又严实得不切实用。比如夏天想露一点凉一点而不可得，冬天想统一点暖一点又不可得，所以，效法男子，从实用角度说，至少在冬暖夏凉方面得些改善。得以效法的契机，就是西洋风尚的传入。始作俑者，其为妓女。徐珂说：“光宣之间，沪上衏衏（青楼）中人竞效男装，且有翻穿干尖皮袍者。”“又有戴西式之猎帽，披西式之大衣者，皆泰西男子所服者也。徒步而行，杂稠人中，几不辨其为女矣。”（徐珂《清稗类钞》第十三册，中华书局2010年）既然可效泰西男子，那么效仿一下本土老爷，也就未尝不可了。《点石斋画报》乐集里有一图，绘的是沪上名妓赛月，“冬则狐裘风帽，秋则团扇轻衫”，一副“空心大老官模样”，惹得周围男女伸长了脖子地围观，也惹得帝都肃亲王善耆的大格格保书航“常越闺范”，女扮男装。此后直到20世纪二三十年代，女效男装的照片不时成为杂志的吸睛点——女伶多着传统长袍马褂，名媛多着西式男装。当时小说里的时髦女角，也多是这番打扮。李伯元的经典名著《文明小史》就描写了一位学堂出身的少奶奶：“穿双外国皮靴，套件外国呢子的对襟褂子，一条油松的辫子拖在背后，男不男，女不女的。”有时，一味地效仿，也会效出笑料来。比如说，将头发盘束置顶，方便利索，中西皆然，唯法国巡警为了区别良娼，要求妓女再往前搭一点，成为“朝前髻”，不料中国人以为是什么新时尚，连忙引进，自是贻笑大方。（失名《东西南北》，《民立报》1912年1月15日）

女效男装，入民国后情形得到了微妙的改观。中国之道，改朝换代，男降女不降。改元前，剪发易服，是革命的表现；革命后，男子自然要而且必须要剪发易服，女子则不许了，否则就是败坏社会风气。当时的一首竹枝词，就对女效男装施以讥嘲：“男儿剪辫说亡清，女子而今亦盛行。一样长袍街上走，是男是女分不清。”当局也以“男用女装，女用男装最为碍风俗”，通过违警律拟定了“奇装异服有异风化者”的惩治措施。比如，辛亥之后，杭州一产科女医生也跟着发起女子剪发会，上海女子觉得好像新时尚来了，好异争奇，跟着剪起男儿头，省长便要求内务司责令巡警局按照相关条款进行处罚。内务司发文措辞甚严：“近查有剪发女子改穿男装，扑朔迷离，尤难辨认，关系风化，尚何忍言。合亟训令该局长督饬岗警，注意稽查，如见有前项装束者，立即拘究，有男服女装者，亦应一体办理。”（《安能辨我是雄雌》，《民立报》1913年3月23日）

当然也有继续倡导剪发易服女效男装的，比如茅盾（沈雁冰）。茅盾在《男女社交问题管见》里说：“一切旧俗关于男女的区分，如演讲会中之男女分座，大旅馆的女子会客室等等都须去掉；女子服装也要改得和男子差不多。”（《妇女杂志》1920年第6卷第2号）不如此，怎会有后来的“不爱红装爱武装”的盛世局面呈现！

亮出你的内衣来

内衣的力量是无穷的。美国电影《超人》中超人的内裤外穿，就是超能力的象征。在服饰史上，内衣内裤亮出来，无不产生革命性的影响，比如泳装。在民国，亮内裤的机会几乎没有，将内衣亮出来，已是搅得那话儿长。

在传统中国，内衣初称亵衣，这亵即猥亵的亵，顾名思义，亵衣不仅不可亵，眼亵都不宜，只能内穿，不能外露。内衣继称泽衣，《诗经》有“岂曰无衣，与子同泽”，一亲芳泽，其实未必是肌肤之亲，亲亲内衣也算。到了汉朝，刘邦征战四方，经常汗流浃背，干脆叫内衣为汗衣。旋因内衣简化，为求名实相副，称为帕腹、抱腹或心衣：“帕腹，横帕其腹也。抱腹，上下有带，抱裹其腹，上无裆者也。心衣，抱腹而施钩肩，钩肩之间施一裆，以奄心也。”（刘熙《释名•释衣服》，王先谦《释名疏证补》，上海古籍出版社1984年）又有两裆，即在掩心的前裆之外加了一片掩背的后裆。清人黄景仁年少才高，却穷愁潦倒，室名“两当轩”，文集亦名《两当轩集》，实有穷剩“两裆”之意。

亵衣不可外穿，可到了晋朝，风俗糜烂，便开始外穿了；民国的内衣外穿，一效于西法，亦祖述于此一“魏晋风度”。再者，前此谈内衣，不分男女，此后内衣之谈，往往集矢于女子了。《晋书•五行志》说：“至元康末，妇人出两裆，加乎交领之上，此内出外也。”下降至南北朝，曹植《洛神赋》里“凌波微步，罗袜生尘”的袜，竟成了内衣的艳称，个中光景，惹人想象。从承北周而来的隋俗看，这“袜”的确是外穿的，隋炀帝《喜春游歌》云：“锦袖淮南舞，宝袜楚宫腰。”此

《明星的内衣》，《玲珑》1931年第1卷第2期

后，内衣愈益不离于艳色了。最负盛名的艳事当属小说戏曲传演千年的安禄山抓伤杨贵妃雪乳一事，由此导致了一种新型内衣——诃子的产生。杨氏乳被抓伤后，为了掩饰，情急之下自制了诃子，亦即如后来宋代上覆乳、下遮肚的抹胸，也类似民国时期大肆讨论存废问题的小马甲。女子内衣，此后千年沿袭，见出杨氏的风魔之力。

其实，唐朝杰出闳放，诃子远不如后世的小马甲束缚女子。包天笑的《六十年来妆服志》说，抹胸“倒也宽紧随意，并不束缚双乳。自从流行了小马甲以后，那真与卫生有害，足以戕害人体天然的生理。那种小马甲，虽然多半以丝织品为之，然而对胸有密密的纽扣，好像是把人捆住了，因从前的年青女子，以胸前双峰高耸为羞，故百计掩护之。”然而，物极必反，就像小脚越缠越厉害，最终必然要放足，内衣越缚越厉害，最终必然导致“天乳”运动。

不过，“天乳”运动最美妙的插曲，仍然是内衣的展示。1927年1月，《幻洲》第8期刊登了“天乳”运动最有力的鼓吹者张竞生博士的一篇演讲《论小衫之必要》，却是鼓吹要保存内衣小衫的，因为解放光了，魅力也光了，而“小衫这件东西是爱的艺术的结晶”，更不能爱也光了。其所举具体事例，粤人当会会心遥想：“我此次到了广州，看见长堤的地方，海珠岸边的小艇，那当娼的艇妹，把伊们的小衫，用竹竿穿了，竖在艇前，临风摇曳，所谓艳帜高张，令男性经过，一见销魂，便联想到床笫间个椿事，不由得不光顾伊，这尤是一个小衫是爱的艺术的证明。”所以，内衣不仅要保留，还要适时地亮出来：“我很愿大家闺秀的小衣，今后也在人前当众之处，去引起异性的恋爱。”还要亮得有技巧：“第一，男性的要更加发挥固有鉴赏小衣的知识。第二，女性的要更加讲究小衣的材料、形式、颜色、花边等，务知因这小衣，两性都充分满足了肉欲，这就是兄弟讨论的大要，也就是兄弟唯一的希望。”这种技巧，在后来的乳罩上，得到了淋漓尽致的发挥。

张竞生《论小衫之必要》的演讲，后来证明是伪作，但其所述，着实在情在理，故而引起较大社会反响；伪作之起，也反映了社会心理的需求，故回应之作也频起。《北洋画报》1927年第84期刊发绾香阁主的《妇女装束的一个大问题——小衫制应否保存》，径称这是一个大问题；编者也深以为然，并在“编者附识”中呼吁：“深盼女界对于这个问题，多多注意，尤望随时发表她们的意见。”调门既定，乐章铺陈。绾香阁主在《北洋画报》第90期继续发表《关于小衫的考据》，认为《左传》中“陈灵公与孔宁、仪行父通于夏姬，皆衷其衵服，以戏于朝”是为古书中关于女子小衫最先之记载，严格讲，与后世束胸的小衫，形同而质异。徐珂《清稗类钞》说：“抹胸，胸间小衣也，一名袜腹，又名袜肚。以方尺之布为之，紧束前胸，以防风之内侵者。俗谓之兜肚，男女皆有之……古亦谓之曰衵服。《左传》‘陈灵公与孔宁、仪行父通于夏姬，皆衷其衵服，以戏于朝’是也。”这种小衫，只不过男女皆宜的防风内衣而已，既不如何束缚身子，也难引起多少性的想象，当然外穿总是不雅不礼。

大约作者绾香阁主也意识到了这一点，在《北洋画报》第114期又再发表了一篇《小衫应如何改良》，则有针对性多了，意见也更折中："小衫本身并无废除的理由，因为他不过是一件衣服罢了，我们所要打倒的不是他，是'压乳'的行为。我的意见，以为乳仍须束，但不可压。"这种意见，比之简单激进的"天乳"运动要合理不少。今日不仅束而不压，还要束得高高的。再则，今日隆束之乳沟，徒增肉欲而稍减性趣，还不如昔日"秦淮妓女之抹胸，夏纱冬绉，贮以麝屑，缘以锦缣，乍解罗襟，便闻香泽，雪肤绛袜，交映有情"更兼风雅，引得词人竞折腰。宋翔凤就专作一词《沁园春•咏美人抹胸》曰："络索双垂，轻容全护，收来暗香。忆才松宝扣，领边依约。偶除瑶钏，袖里端相。塞上酥凝，峰头玉小，恨浅抹横拖一道冈。深深掩，掩几分衷曲，还待猜详。几经刀尺评量，与细腻肌肤要恰当。为当胸阑束，期他婉软。一心偎贴，不间温凉。若化蚕丝，缝成尺幅，那数陶家十愿偿。偏纤手，在风前扇底，更自周防。"（徐珂《清稗类钞》第十三册，中华书局2010年）

"天乳"运动所反对的，乃是严束严压的内衣，即所谓的小马甲。当时报章控诉文章甚多，其实还不如徐珂早先在《纯飞馆词续》所云来得简洁得当："今之少妇，有紧身马甲，严扣其胸，逼乳不耸，妨发育，碍呼吸，其甚弊于西妇之束腰。"而且，"天乳"运动之起，乃效法泰西，殊不知此前不久，西人还在束胸束腰，而且历史悠久，甚于中国。比如说"克里脱明奴斯古宫墙上所绘之壁画，画中妇女，皆披胸衣。又在埃及古时，男女皆着小马甲。希腊于文明极盛时代，尚无此类衣着。追至国运衰落之时，妇女均采取种种缠束身体之方法"。（瞽史《西洋女子束胸之起源》，《北洋画报》1937年第1523期）就如中国，在盛唐时代，绝无此类衣着一样，束胸缠足，皆是后来之事，可谓中西相通。因此，民国时期，由南方革命根据地发起的"天乳"运动，虽有为女子健康考虑，也还有振衰起弊、不惜矫枉过正的革命政治因素。这样一夹缠，就难免流于政治的噱头，惹出诸多风波是非。

『天乳』运动风波

我们现在看欧美的古装片，常常可以看见那种紧勒腰身、夸张地撑起后裙的形象，还是颇有古典之美的。看看民国时国人的报道，也可见出一二。有一篇瞽史的《西洋女子束胸之起源》（《北洋画报》1937年第1523期）说："英国维多利亚时代，妇女均欲使其臀部扩展，乃用人工架起衣裙，使其庞大，以为美观。此种装饰，犹可于西洋古装影片中见之。"作者显然是赞同的，故说："考束胸束腰之用意，不外乎使臀部增大，以显露其诱惑力。"而其考证所引路易士•罗滨孙博士的观点十分特别："那些教会女郎把带子紧束腰部的习惯，其最大理由，就是要以这种束缚迫成胸部的呼吸，而以呼吸的起伏波动，增加胸部的诱惑力。因为一个锁骨下部的呼吸气所引起的胸部起伏，要比腹部或脐部的呼吸诱人得多。"有了这种支持，解放束胸，就不那么容易了，故而"此种（束缚），现仍可见于西洋影片中。但曾有多人反对，谓为防碍呼吸，损及健康。并有人举行解放束胸束腰之运动，作扩大宣传，见效甚广。但不能普及，偏僻之区，仍可见及"。 所以，西人就不仅不曾鼓吹"天乳"运动，而且不久就用两条手帕结起来发明了现代乳罩以代之，显得有些保守，实在是因为其中固有合理的成分在。

在一段时间里，欧美这种束胸的古典，还曾被国人视为新潮："缚乳这事，在娼妓、姨太太、小姐和女学生中间都很流行，不过她们都是好新奇，加一个'新'字也不为过。"（吴明《为什么要缚乳》，上海《民国日报》1920年4月15日）其新奇在于传统的抹胸不及西洋的紧绷，比抹胸勒得更紧的小马甲便应运而生："小姑居处，待字深闺，非但手不能触，亦且目不能视……最可笑的有些妙龄女子，身体日见丰腴，乳房当然饱满，于是特装名为‘小马甲’的，胸前密密扣住。”甚至因此闹出了笑话：“谁知略一用力透气，而所有纽扣，毕立剥落都解体了。”（包天笑《衣食住行的百年变迁》，苏州市政协文史编辑室1974年）这种风气，还蔓延至学校：“各地女校学生均以束胸为美观，前行后效，相习成风，虽明知妨害身体发育，然以环境所趋不肯独异，其住校之日愈久，乳部因经过长期间之束缚于生男育女关系极巨，影响所及足致民族于衰弱地位，其为害实倍于缠足束腰。”关键是女教员“多染此陋习暗资表率”，令当局惊呼“女校不啻为女青年自杀之地，教职员无殊间接持刀之人。多招一般女生，即多增一分罪过，多设一女校，即多制造一杀人场。民族将由是益衰，国亡势将无日。恳请通令全国认真查禁，庶全国女青年不致陷入羸弱状态，而民族新生命亦可日跻康强矣”。（《河北省民政厅训令》引内政部、教育部下发《湖南省党务指导委员会转呈〈常德县督学关于查禁女生束胸议案〉》，《河北省政府公报》1930年第543期）那真是不得了的事！非得以激进的“天乳”运动来矫枉过正不可。这样我们便可较好地理解民国时期以广东人为始作俑者的“天乳”运动风波。

先是1926年初，广东籍的“性学博士”、北京大学张竞生教授出版中国第一部《性史》，一时洛阳纸贵，也掀起风俗狂浪，连南开校长张伯苓都要求查禁。不过该书也得到一些声援，如周建人就说：“女子束胸束得畸形，扁平的像金陵的板鸭。”（周建人《关于〈性史〉的几句话》，上海《一般》杂志1926年9月）或许从这里得到启发，在1926年12月，张竞生自称“中国第一人反对压奶最力者”，在上海《新文化》创刊号刊发《裸体研究》，重点放在了乳部解放上，而且一上来就上纲上线：“把美的奶部用内窄衣压束到平胸……这不但丑的，而且不卫生，女人因此不能行肺腹呼吸，而因此多罹肺痨而死亡。又压奶者常缺奶汁喂养所生的子女，其影响于种族甚大。”“老乡”们也纷纷附和，如1927年1月17日广州《民国日报》未醒的《我也谈谈女性美》就说：“要腰细而臀大，乳要能充分发育。所以要腰细臀大者，因为惟腰细臀大，才有曲线美，才有苗条体态。乳部所以要充分发育者，因为两乳能充分发育，胸部才丰隆可爱。”

文人常是政客的马前卒，这一切或许都是拜“革命”所赐。稍后不久，1927年7月7日，广东省民政厅长朱家骅提出《禁革妇女束胸》案，并获得通过，广州正式掀起“天乳”运动。观其所述，与张竞生如出一辙：“妇女胸受束缚，影响血运呼吸，身体因而衰弱，胎儿先蒙其影响，且乳房既被压迫，及为母时，乳汁缺乏，又不足以供哺育，母体愈羸，遗胎愈弱。”（《朱家骅提议禁革妇女束胸》，广州《民国日报》1927年7月8日）与此互动或受此影响，1927年10月，张竞生又在《新文化》第6期刊发《性美》：“奶部发达，则胸部也发展，两粒奶头高耸于酥胸之上，其姿势为向前突出而与其臀部的后突成为女身的曲线形，这是女性之美处。”可谓“天乳”运动的美化与深化。

待到北伐成功，“天乳”运动便可由点及面，成为全国性的运动。国民党于1929年3月筹备，7月在广州正式成立风俗改革委员会，重点工作就是推进“天乳”运动。委员刘禹轮1929年8月1日在广州《国民日报》发表《为提倡“天乳”运动告革命妇女》，说“（束胸）不但影响于妇女本身生理上的健康，并且影响到中华民族母性底健全；许多中国的新生命——未来的国民，为了他的母亲体格欠佳，乳液过少，先天和后天，都将受很大的妨碍，这实是民族很大的危机”，将前此上纲上线的提法变成了实实在在的纲与线。所以，要求“今后妇女解放运动，须先从本身乳房解放起，先由己及人，使全国的妇女都能够恢复她的‘天乳’的自然美”。并严正地强调：“这并不是开玩笑的说话，确是一件救己救人救种族必要的工作。”（刘禹轮《为提倡“天乳”运动告革命妇女》，蒲良柱编《风俗改革丛刊》，台北文海出版社1984年）

但是，在文化传统深厚的中国，命令往往敌不过风俗：“千百年来这种束胸的陋习，一代一代的传下来，上行下效，相习成风，如今大有牢不可破之势。”尤其在既开放又保守的广东，就像陈序经教授

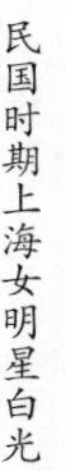

民国时期上海女明星白光

在《广东与中国》（《东方杂志》1939年第2期）中所言，既是新文化的策源地，也是旧文化的保留所，“天乳”运动启动容易，推行却难。或许因为广东人偏于瘦小，男人往往希望强壮，民谚便有“男人胸大为丞相”之说；可男女有别，女人当然不能胸大了，故也有民谚说“女人胸大泼妇娘”。这种风俗之下，推行之难，可以想见。“虽前年民政厅朱厅长有命令禁止过”，而且辅以重罚：“逾限仍有束胸，一经查确，即处以五十元以上之罚金；如犯者在二十岁以下，则罚其家长。” 务必“使此种不良习惯，永无存在之余地，将来由粤省而推行全国，不特为我女界同胞之幸福，实所以副先总理民族主义之精神，以强吾种者，强吾国也”。在省会广州，当局曾派出大批警员上街巡检，逢束必罚。曾有富家儿媳，欲从命放乳，为其家公所阻，一日之内，连罚三次，仍不肯从，真是“禁者尽管禁，束者仍是只管束，宁不令人吁叹”！（刘禹轮《为提倡“天乳”运动告革命妇女》，蒲良柱编《风俗改革丛刊》，台北文海出版社1984年）真要推进“天乳”运动，还得从风俗着手。这也是风俗改革委员会成立的初衷。从认识论上看，国民党人算得上高明，可谓不负民国。

衮衮诸公欲借风俗推行政令，其志固可嘉，但是，政治化的风俗，究是伪风俗，终难长久，所以风俗改革委员会存在不到一年，即于1930年2月宣告寿终正寝。其实，从知名报章对党国的“天乳”运动或隐或显的公开嘲弄中，早可窥出端倪来。如上海《民国日报》1927年8月12日的《曲线化》说：“自朱厅长提倡‘天乳’运动之后，曲线美之声浪，此唱彼和，高唱入云。南中国为文化中枢，知识日开，文明日进，几乎女士们都流于曲线化。”并不惜同行相讥：“曲线美之提倡者，总算推出版界。试看广州现下的报纸，除却所谓美术部大晒其西洋裸体画片外，吝啬多少电版费者，每日也做几篇鼓吹曲线美，咸淡交集的新闻式文学，在报章发表。”再拉上纸烟公司和江湖郎中，更具皮里阳秋之效：“现在曲线美运动趋势，不仅区区出版界，纸烟公司的老板，卖药为活的专家，都牵强附会，乘机大倡特倡，不愧为识时务的俊杰。”再如《生活》杂志1929年第4卷第12期《非仅妇女之问题》，更以令人喷饭的引例恶搞了一下“天乳”运动。引例一说有一个搞体育的丁女士，双峰高峙，人戏呼为喜马拉雅山，恬不以为意，还说“小马夹害人太甚，我要提倡高乳以矫正之”。结婚怀孕后，双乳不仅高，而且大，人呼为帕米尔高原，也不以为恼，还自夸道：“不错！非喜马拉雅山和帕米尔高原，怎能为国产栋梁之材呢？”引例二说某女士放洋留学，要穿西装，而双乳太小，便套上一对珐琅小盂，甚是痛苦不便，在一次舞会上，还弄得响了起来，传为笑谈。

还有的文章，似赞实弹。如《北洋画报》1927年第108期鹤客的《乳的威风》说：“不管她带兜肚也好，穿小坎也好，女人只要把两个奶压下去，总是不合道理的。”压乳的兜肚和小坎肩，成了

“一种特别的镣铐”，不仅导致“中国女人的‘弱不禁风’‘娇小玲珑’”，还危及“人的生命，同子孙的生命”。因此，“最近南方有了‘天乳’运动，这虽是一件小事，而也正是一件大事”。然而不正经的标题，已对其赞语做了对冲。又如同一期墨珠的《“天乳”运动》说：“广东省政府下令，禁止妇女束胸，实行‘天乳’运动，在这提高女子生活的时代，自是应时的举动。无论怎样，也比较‘不着裤运动’来得有意义。”将“不束胸”与“不着裤”对举，颇有调侃的意味。又说：“本来（‘天乳’运动）在美的方面，可以增加多少的快感，卫生上也有莫大的好处，这种运动，的是该当。小衣的存废争论，到现在也莫弄清楚，倒是性学博士们的一番热心，吾们不能不说‘辛苦了’。但束胸既被取缔，小衣自归淘汰，存在不存在，已不成问题。”这样再用小衣存废之争来调侃“天乳”运动的理论家张竞生博士，则全篇都变成调侃了。

当然，事后也有人挺惋惜“天乳”运动的早夭的。1931年5月28日上海《民国日报》刊登了许晚成《关于女子胸部的解放》，借哈尔滨第一女子中学校长孔焕书女士言论做了如此表达：“哈尔滨俄侨很多，俄国女子，袒胸露臂，因而中国女子都潜移默化了。学校对于束胸恶习，谆谆劝导，很是注意！束胸恶习，在哈埠（哈尔滨）女子少见的了……我们看别处都市的女子——尤其是上海——胸部都是平坦坦，像男子一样。”

摩登与反摩登

从妓伶引领时尚，到北里仿效学堂，再到影星舞星轮番擅场，时尚的潮流，似乎渐渐修成正果——统一到“摩登”的麾下。在知识分子看来，进入了民国，也就应该奉德先生、赛先生为师了，这才是与现代潮流接轨。可小市民们，或者小姐太太公子哥儿们，对此烦着呢，他们希望更直接，只要外表甚至字眼上的摩登（Modern，现代）就够了。这种皮里阳秋的摩登，也是商业资本推波助澜的结果。因为1917年上海第一家百货公司先施公司成立后，永安、新新、大新等另三大百货公司也渐次成立，以摩登商品与摩登设施冲击市民眼球与心扉。百货公司的玻璃橱窗，取代作为人体衣架的妓女或女学生，直接将现代服饰推到了顾客面前，让人感觉借助百货公司就可以立地完成现代转型。事实上，现代女性通过这种摩登妆束，找到了一条通往社会的现实途径，并在一定程度上颠覆了传统的等级秩序。《现象》杂志1935年第2期有一幅张英超的漫画《想象型之都市女性之新妆》，画面上的“摩登女郎”夸张地占据了大部分的空间，而男性则被画成匍匐于女郎新妆之下地位卑微的小乌龟，很形象地反映了这一现实。《时代漫画》1936年第30期张文元的漫画《未来的上海风光的狂测》，将摩登女郎描画成未来上海的统治力量，而她们的摩登也发展到极致——从裸腿露肩的装扮进化到全体公开，只是在重要部分系了一丝细带，仍然穿着传统裤子的男性反过来被她们称作“封建余孽”。

好了，女人乱花钱，还要男人拜倒在石榴裙下，并作践一番，今天的男人都啧有怨言，在当时更是翻了天，反摩登的攻击，接着便甚嚣尘上。先看看轻度的笔

20世纪二三十年代上海的摩登女郎

伐，不过嘲弄不分年龄不辨美丑的摩登。有诗为证：“美化摩登句式涎，高年太太学青年。风情未减羞言老，绝妙芳龄过大衍。艳抹浓妆恐落后，炫奇斗艳必争先。波纹爱烫凝霜发，雪浪银涛别样妍。八字修眉描红叶，人工画出胜天然。条条皱裥填脂粉，不惜功夫不惜钱。满嘴当中红一捻，狐皮原只覆鸢肩。毛绒短褂胸开放，肉感空虚美不全。鞋子高跟花样好，还魂天足勿牵连。转弯抹角多危险，上落高低筋斗扞。款摆腰肢如篾片，便行一步可人怜。满身香水淋漓洒，熏得众生尽倒颠。”（《摩登太太》，《福星》1934年第1卷第2期）

程度重一点，则做上纲上线的崇洋媚外的指责，说“除了她们的肉体是从母胎带来的国货外，其余周身戴的、穿的、用的、敷的”，无一不是外国货。更有甚者，则谴责这种周身舶来洋货，“犯有卖国的嫌疑”，认为“鸣鼓而攻之”可也。（画舫《鸣鼓攻“摩登”》，《红玫瑰》1930年12月第6卷第32期）特别是1932年日军进攻上海闸北的“一•二八”事变发生后，摩登女子成了新版女人祸水论的替罪羊，《女子月刊》1933年第1卷第4期有一篇《摩登的太太小姐们，请走上你们的战场》说：“面对日货的侵略，花枝招展的小姐太太们还是一般的不闻不问，逍遥自在，甚至也一般的穿着洋货被捧上天。这是实在的羞辱。”认为摩登女子虽然不能上军事的战场厮杀，总可以在经济的战场上厮杀：“在这经济的战场上，在这更恶毒更可怕的战场上，失败是妇女的罪，是她们的过错，因为在这战场上，妇女才是战士，摩登的太太小姐们是先锋，女学生是第一道防线啊！”都把女人赶到了“战场”上，而且许胜不许败，是否要逼迫当局采取规训与惩罚的措施呢？

新生活首惩摩登妆

人们总是说，中国是一个封建传统深厚的国家，所以，对于潮流的摩登，无论如何不会放任自流，卫道者即便螳臂当车也要挺身而出；摩登潮起于上海，上海也就率先行动。不过起初的行动也还谨慎，因为正服牵涉面广，兹事体大，不可不慎，所以也就从头脚等边缘地带发起。如认为“无识女流，相率效尤”于外国妇女的不穿袜子，也属“惊奇炫异”，实属有伤风化，“除由本公安局通令各区所从严查禁外，合行布告周知”。（《取缔女子跣足服装》，《上海社会局业务报告》1930年第415期）不过处于文化保守的南天王陈济棠治下的广州，则由头脚及于周身了。1933年8月，广州市社会局在宣布“禁止裸足短裳”的同时，“对于一切奇异服装，均一律禁止”。广东省财政厅也因属下女职员曲发染甲，抹粉涂脂，有失庄严，饬女职员自重，力戒浮靡，洗净铅华，并须穿用土布衣服。（《粤省约束妇女服装》，《申报》1933年8月18日）

但是，地方的当局，毕竟挡不住时代的潮流，一些处于逆反期的上海女学生尤其不买账，“索性把袜子去了，不但露腿，而且露出‘香钩’，不但露出雪白粉嫩的大腿，而且在大腿上，画了图案的花纹”。（暮气《断袜文腿》，《北洋画报》1930年第511期）此后不穿袜子的女子愈发多起来，到1933年的天津，不穿丝袜，竟被推为“最摩登者”。（《不穿丝袜》，《北洋画报》1933年第614期）而且，虽然不再是女效优伶了，但如鲁迅先生在1933年的观察，求售于男子的本质还是一样；娼妓们“用浓厚的脂粉，妖艳的服装，尽量美化自身，以博得顾客们垂青”，家庭妇女们也“多数是不自觉地在和娼妓竞争

——自然，她们就要竭力修饰自己的身体，修饰到拉得住男子的心的一切”。（鲁迅《关于女人》，《申报月刊》1933年第2卷第6号）

我们今天的口号是，要敢闯敢试。在当年的反摩登战线上，经过上海和广州当局的“闯”和“试”之后，总结其中的经验和教训，兼考虑到“一•二八”事变后既要安内又要攘外等的种种需要，到1934年，反摩登运动终于上升到中央层面。1934年2月，蒋介石在南昌亲自策动开展了新生活运动，其中首要的方面，就是顺应前述的吁求，取缔奇装异服。这也是抵制日货的一个重要内容，从经济上讲也有其现实的意义。1934年6月10日，江西省政府奉蒋介石手令，率先出台《取缔妇女奇装异服办法》，袖长、衣长、裙摆、领高均做严格规定，让你既不能奇，也无法异。（《蒋委员长取缔妇女奇装异服》，《申报》1934年6月10日）况且，中华文明的传统在《礼记•王制》中的表述是：“作淫声、异服、奇技、奇器以疑众，杀！”蒋中正的手谕已经是法如其名了。

杀威之下，江南相对保守的杭州确实做出了有杀气的举动：“杭（州）市发见摩登破坏铁血团，以硝镪水毁人摩登衣服，并发警告服用洋货的摩登士女书。”（《摩登》，《新生》周刊1934年第1卷第10期）据说北京、上海等也有类似举动。

取缔奇装异服，各地基本效法江西，唯广东变本加厉。陈济棠亲自出马通过广东政治研究会制定的各种服装标准，对于取缔妇女奇装异服不遗余力，违者“即予拘究”。（《广州强制执行取缔奇装异服》，《妇女月报》1935年第1卷第9期）为此，公安局在各大马路悬挂“公安局取缔奇装异服，九月一日起强制执行”字样的大幅标语，并派出大批休班武警，分赴市内各裁缝店检查，发现奇装异服，一律没收销毁。同时，为了弥补这种运动式的一阵风容易走过场的不足，还联合社会局及提倡国货会共同筹办所谓“日常服装样式展览会”及“服装标准巡行”。然而，即便如此，除了9月1日当天过分夸张的摩登服装“尽行绝迹”外，“御蝉翼轻纱衬薄内衣者”还是大有人在，当局对“仍有顽固女郎视公令为儿戏”甚为懊恼。（《粤取缔奇装异服本月一日起严厉执行》，《中央日报》1935年9月8日）

取缔与反取缔

天意从来高难问！蒋介石下令取缔奇装异服，到底初衷如何，外人实难侦知，小老百姓总觉得你老蒋未免管得太宽太细（老蒋当时认为有独裁的必要），所以命令初下，即有人调侃说真叹服蒋“委员长”的一番盛意：“当此国难关头，而注意到我们妇女界的服装与头发，且规定了式样及大小长短的尺寸，这种明察秋毫的精神，确实难得！”进而建言：“目前的当务之急，并不是妇女的服装与头发的问题，而是整个的民族解放的问题。”（《取缔妇女奇装异服》，《女声》1934年第2卷第19期）这不是唱对台戏吗！

当然也有党国麾下或亲近报刊出来为新政策阐释或者辩护。如通过挖根子，说妇女之所以穿奇装异服，主要是因这“社会经济日趋破产，人们的道德生活亦愈堕落……为了继续维持其寄生生活，遂不得不以取得男子欢悦为前提，因而奇装异服，以引起男性的新兴趣”（宝骅《取缔奇装异服》，《社会》半月刊1934年创刊号），以此证明取缔的应该。有的则“献计献策”说，要从教育方面着手，来个釜底抽薪：国人之所以好奇装异服，乃是没有文化的表现，凡市上发现奇异服装，不管是明星穿的，或舞女穿的，也照样地穿上，甚且社会名媛，大家闺秀，抱风头主义，穿着较舞女明星尤为妖荡，只顾富于引诱性，毫无美的观感。（《时事述评·取缔奇装异服》，《时代公论》1934年第27期）更有人说，中国积贫积弱，国难当头，奇装异服问题，乃是“欲望和生产力的冲突，换一句话说，就是劣等的生产，要有高等的消费”；“奇装艳服成为风尚的强制，是中国独特的社会现象”，这实在是中国人的劣根性。

又说，“东洋女服的样式是一成不变，西洋平常的女装束，窄腰阔边，也没有多大的显著不同”，那中国取缔奇装异服，统一服装规制，有何不可？（强生《奇装艳服》，《社会》半月刊1935年第16期）进而来了一个反调侃，说摩登女郎穿得露、穿得短，其实有节约布料的考虑，比如“流行的印度绸之类，门面不过市尺一尺四寸，所以身段较小的妇女们，刚刚可以裁制长旗袍一袭，如果要袖管较长，就限于尺寸，非买双幅不可；在这大家不景气的时代，还是省省罢！……所以那些摩登女郎的装束，底里还透着一层‘经济上的悲哀’”。（太冷《奇装异服的影响》，《社会》半月刊1935年第16期）

下令取缔奇装异服，可以说是横行霸道。曲为回护也罢，还要挖苦调侃，未免太过蛮不讲理，尤其是当他们把取缔奇装异服上升到所谓的文化本位建设的高度时，温和的自由派主将胡适都忍不住抨击道：“我们不能滥用权力，武断的提出标准来说：妇女解放，只许到放脚剪发为止，更不得烫发，不得短袖，不得穿丝袜，不得跳舞，不得涂脂抹粉。政府当然可以用税则禁止外国奢侈品和化装品的大量输入，但政府无论如何圣明，终是不配做文化的裁判官的。”（胡适《试评所谓“中国本位的文化建设”》，《大公报》1935年3月31日）另一员女将陈衡哲则从妇女立场刊文呼应，认为女子的私人生活，如衣服鞋袜、身体发肤之类，要“坚决的拒绝任何外来权力的干涉”，同时也要求姐妹们“对于自身的服饰与行为也就应该使它们更能与我们的人格符合，以引起外界的尊敬与同情了”。（陈衡哲《复古与独裁势力下妇女的立场》，《独立评论》1935年第159期）

过犹不及成鸡肋

上有所好（恶），下必甚焉。一些地方取缔奇装异服的行为，未免太过夸张。1934年3月，“杭州曾有过所谓摩登破坏团的无聊举动的出现，他们的手段和目的，是用镪水来毁损妇女的‘摩登衣服’”。北京当局在取缔行动中，曾下令军警把守戏院等公共场所，“凡衣薄如蝉翼，裸腿不穿袜之一般摩登妇女一律出园，不准听戏，俟换衣后再来。同时门外亦有警士把守，凡是奇装异服一律挡驾，毫不通融”，也让人感觉到不输杭州。（曾迭《〈摩登破坏〉的重演》，《人言周刊》1935年8月17日第23期）山西太原大约还停留在妓伶引领时尚的阶段，所以公安局在取缔行动中，“善意”地将摩登的行头让妓女们专美了：规定妓女一律烫发、穿高跟鞋，而良家女子则严禁为之，以示区别（《太原妓女益将摩登化》，《大公报》1935年5月1日）。

再则，一些摩登妇女也直呼冤枉，说你以为我们想摩登啊！其实我们挺可怜的。辛亥了，五四了，20多年过去了，我们名义上获得了政治、法律、经济等方面的平等权，实际上哪有啊？我们“还是做着奴隶，当着商品；因其是奴隶，所以不得不听主子的使唤，以图承欢，因其是商品，不得不装潢点缀，以求销售”。所以，穿点奇装异服，实在“不是妇女们自己的罪恶，而是不合理的社会制度所造成的必然的产物”。（罗琼《是谁的罪恶?——关于妇女的装饰问题》，《申报》1935年9月8日）

近现代以来，大凡运动化的东西，就其极端的结果，不是走向悲剧，就是走向闹剧。太原的运动，渐渐流于闹剧，南霸天治下的广州，也开始罩不住笑闹了。有报道就说，“广州市取缔奇装异服，实为老爷们向官太太报复之举”——官员们多像他们的蒋老板惧内，便擅权在外肆意干预他人妻女，直惹得自己的太太们都颇为不满，“更有进一步之某种杯葛运动以示反抗”。（《禁服中之广州官太太》，《玲珑》1935年第5卷第37期）

面对这种笑闹氛围，取缔奇装异服的行动渐渐陷于僵局。为了打破僵局，1936年夏初，广东当局率先采取更为强制的措施。5月5日，广州市公安局组织了30多个所谓“维持风纪队”上街执法，如同鬼子进村般，见到违禁者即抓回公安局，在其衣袖上盖上“违反标准服装”字样的印记，声明再犯则拘留惩戒。一时间，广州街头囚车载道，外出的妇女人人惊慌，而旁观者则视为搞笑乐事，既不支持也不同情，还“语多揶揄，且有资以为乐”，唯恐天下不乱；对那些穿着打扮规矩的妇女，也出语挑拨，希望能闹出些是非来。（《广州空前盛举！哄动全市之衣的问题》，香港《大众日报》1936年5月7日）有什么样的政府就有什么样的群众，如此，官民便共同上演了一出时代活剧，当时有一位叫老纪的漫画家就创作了一幅《卓别林游广州后得到的笑料》的漫画以讥其事。（毕克官《过去的智慧——漫画点评：1909—1938》，山东画报出版社1988年）

真正的摩登之流，多属专权阶层，结果自然是愈禁愈搞——反对者“多具潜势力之人。令虽下，亦无切实执行，禁者自禁，穿者自穿”。（隐禅《广州取缔妇女服装零闻》，香港《大众日报》1936年5月30日）这等于猴子露出了红屁股，轮到市民来“搞”了。

旧把戏演不了新生活

正风俗以明人伦，原是中国传统的社会治理招数，或曰统治把戏。民国前两千年，社会制度没有改变也无从改变，根本的价值观念也难以撼动，所以这套把戏有点常唱常新的味道。可是，时代不同了，人们要求有民主法治的制度与自由平等的观念，摩登其表，虽或有偏，终不可废。蒋介石虽名义上做了国家元首，然既要攘外，又要安内，军阀们又拥兵自重，国家事实上仍陷于某种程度的分裂状况，因此令出未必能行，推行新生活运动，亦复如是；想借取缔奇装异服表达命出必行、一统天下的权威，实在是旧把戏演不了新生活。而且“出师不正”，容易穿煲走火，惹出事端，激起公愤。像长沙，警察对违反禁令的妇女，以永不脱色的药水或洗刷不掉的黑漆涂在手臂和腿上就是。以至有人撰文《为长沙妇女请命》，质疑新生活运动的真实目的，要求保障“人民的衣食居住，得享受自由的权利”，申言“妇女服装本是一个很小很普通的问题，欲求改革，尽可由妇女自动研究办法；妇女以外的人，只有从旁善意劝导的份儿，决没有实行恶意干涉的权利”！（养愚《为长沙妇女请命》，《妇女共鸣》1936年第5卷第6期）

有人抨击取缔奇装异服，只是“拿老百姓开玩笑的官样文章”。（丁尼《广州取缔奇装妖服》，《申报》1936年5月6日）因为真正穿得起奇装异服的，多是有钱有闲，同时也有势力的人。如果警察在查处时，恰巧碰到个阔太太，不仅取缔不了，自己反倒受了处分。如此一来，哪能行得通！所以，新生活运动阵营内部，都对此表示担忧。（《谈谈奇装异服》，《妇女新生活月刊》1936年11月创刊号）新生活运动的机关刊物《新运月刊》就直言道："现在各地都在取缔奇装异服，尤其是广州和济南，还悬为施政禁令之一。然而在事实上，禁者自禁，而穿者自穿。寻其症结，虽然有不少社会的习尚势力，然而提倡的人，也许便占了大半的原因——尤其是闺阁中人，简直在取缔的标准以上呢。"（常瀛《新生室夜读钞》，《新运月刊》1936年第6期）

新生活运动的刊物都这样了，老牌的妇女刊物岂能有差。上海《妇女生活》杂志主编沈兹九亲自撰文说，中国大多数妇女过的生活，一向都是地狱的生活，囚徒的生活，奴隶的生活，新生活理应是她们十二分地期望的，可是，新闻杂志的记载以及口头的传言，则是某地因厉行长袖，忙煞了裁缝；某地因警察检验妇女内裤，致起纠纷。"凡此种种，对于真正陷于水深火热中的姊妹，究竟给与了多少恩怨，多少害益？"（沈兹九《妇女的新生活》，《妇女生活》1936年7月第3卷第1期）各地妇女协会更是提出强烈抗议，认为严重侵犯妇女人权，侮辱妇女人格。广东省女权同盟会则明确要求停止检查取缔，虽不为当局所重，亦"足以表现妇女们不甘示弱的气慨"。（易汉《一九三六年的中国妇女动向》，《女子月刊》1937年1月第5卷第1期）尤其是对于当局所制定之标准服装，亦表示反对，则如同直捣黄龙，令当局"自知操之过急，禁令渐驰，终于无形废止"；废止的更重要的原因是，"在执行检查之时，坐汽车者风驰而过，检查人员实亦无法行使职责"，那就渐渐地都不行使了。（《时装的风化罪？浪子们的非非之想！》，《申报》1946年10月7日）

取缔行动的式微与代兴

取缔奇装异服，原本是外围的威权运动，1936年底的西安事变，尤其是1937年的七七事变之后，形势大变，一致对外也就要求一致拥蒋。在这种新形势下，蒋介石的新生活运动虽然在继续，对奇装异服的问题也在说，但分明不是重心所在；即使谈服装，重心也是强调节约，强调国产。无粮不动兵，“吃穿”二字吃在前，吃且难保，遑顾穿哉。所以，如果还老是讨论袖子如何长，裤脚如何短，便会遭致“徒顾皮毛，吹毛求疵”的讥评。（《欢迎妇女指导委员会》，《妇女生活》1938年第6卷第10期）

其实新生活运动阵营内部也曾论及经济因素，如刊发在《妇女新生活月刊》1936年第1期的一次会议记录《谈谈奇装异服》说：“所谓奇装异服，是有时间性地域性的，并依社会经济组织为背景的。从时间性讲，过去时代的衣服穿上现代人的身上未尝不可谓之奇装，可是现代人的服装给八九十岁的老古董看，他们也要说是异服；从地域上讲，北平常看见有穿着蓝大褂、大红裤子的男子……也何尝不是奇装异服？而从经济上讲，有钱有闲的人穿穷人所穿的又破又旧又古的粗衣服，在时髦有钱太太小姐看来，也要见怪的，再加在这男女尚未真正平等的现在，男女不平等的意识深中人心，好像女子的漂亮衣服专为引诱男子的，只是偏面的来取缔，总而言之，实在是‘整个社会的经济问题’”。所言极是，只不过在运动的风头之下，乏人关注而已。

八年抗战，奇装异服问题消歇，但在繁华依旧的日据上海尤其是租界，还是一如既往地奇着异着，并且在战后得到补偿性的反弹；旗袍的最后经典化，也就在那个时候。

取缔男子奇装异服

取缔奇装异服，弄得“一般时髦女子，只得藏在深闺，暂过十八世纪的小姐生活”。可是她们藏在深闺里仔细一想，女为悦己者容，我们穿得时尚一点，原本全为了你们男人啊！你们还反过来这样对我们，岂有此理！所以，就有人想出了一招——取缔男子奇装异服，格式与调调完全戏仿蒋介石的取缔令：“男子衣服统分之为短服、长袍二种，质料以国货为主，式样：（一）西装袖口钮子不得超过四个以上，上衣胸钮，不得超过两个以上，领带不得过花，领结不得过大。（二）长袍顶不得超过一寸二分以上，衣袖宜大，腰身宜宽，不可绷紧身体。（三）长袍之外，禁穿马甲长袍，长袍衣钮不得过密。（四）不得穿运动衣裤在街上行走，脸上不可搽雪花粉。（五）头发不可烫卷，亦不可涂油梳光。（六）公务员及学生须剃光头，至少亦须平顶。（七）不可镶金齿。（八）禁穿尖头小圆口鞋，及尖头皮鞋。夏季以外，不得仅穿薄绸单裤。”而最令人喷饭的一条是：“男子以吴语谈话虽非奇装异服，但怪腔异调（如女人），令人肉麻，实较奇装为尤甚，故除籍吴县者外，亦应一概禁绝。”（萍子《取缔男子奇装异服》，《玲珑》1934年第4卷第33期）

事实上，曾经有那么一段时间，男子衣服奇异得让人觉得如张爱玲所谓，是“天下大乱”的征候：“男装的近代史较为平淡。只有一个极短的时期，民国四年至八九年，男人的衣服也讲究花哨，滚上多道的如意头，而且男女的衣料可以通用，然而生当其时的人都认为那是天下大乱的怪现状之一。”（张爱玲《更衣记》，《古今》半月刊1943年第36期）

或许与这种舆论反制有关，广东方面还真取缔过男子（男学生）的奇装异服，真的要求“男生须将发剃光”。中国向来是身体发肤，受之父母，不可轻割；清朝初建，许多汉人是宁留发不惜头。入了民国，许多遗老还坚持不剪猪尾，剃光头则被目为街头混混的打扮，没有想到当局竟满足了妇女们的“非分吁求”！（《粤制裁男女学生装束》，《玲珑》1935年第5卷第43期）

而在新生活运动的尾声中，反思当初的取缔奇装异服行动，也有人认为之所以要取缔奇装异服，并不是因为时装有多奇多异，而是因为男人们的酸葡萄心理——时尚女人吊起了你的胃口，因为身份或者经济等原因，又只有流口水的份，所以眼不见心不烦，把奇装取缔了清净。老实说，“当局所取缔的奇装，和时装是二而一的”。广州当年所取缔的“奇装异服，实指夏令服装，‘轻纱轻绡，肌肉隐现，已不待言，而妇女辈更求凉快，袖不及肘，领不及胸，肘以下，胸以上，豁然呈露’”。 而十年之后，“女子的夏令旗袍，袖不但不及肘，且已齐肩，赤脚不算，脚趾上还搽着蔻丹，那末妨碍风化，是不是要更进一步？可是和西洋女子比较起来，仍是落后”。 所谓的“风化，仅是浪子们在作非非之想而已”。所以，上海不愧为时装中心，当年的取缔行动，只是在初期虚晃了一枪，究其实，当局并未真正取缔。（《时装的风化罪？浪子们的非非之想！》，《申报》1946年10月7日）没有奇装异服，上海如何保持时尚中心地位？

/ 延伸阅读 /

更衣记

□ 张爱玲

如果当初世代相传的衣服没有大批的卖给收旧货的，一年一度六月里晒衣裳，该是一件辉煌热闹的事罢。你在竹竿与竹竿之间走过，两边拦着绫罗绸缎的墙——那是埋在地底下的古代宫室里发掘出的甬道。你把额角贴在织金的花绣上。太阳在这边的时候，将金线晒得滚烫，然而现在已经冷了。

从前的人吃力地过了一辈子，所作所为，渐渐蒙上了灰尘；子孙晾衣裳的时候又把灰给抖了下来，在黄色的太阳里飞舞着。回忆这东西若是有气味的话，那就是樟脑的香，甜而稳妥，像记得分明的快乐，甜而怅惘，像忘却了的忧愁。

我们不大能够想象过去的世界，这么迂缓，安静，齐整——在满清三百年的统治下，女人竟没有什么时装可言！一代又一代的人穿着同样的衣服而不觉得厌烦。开国的时候，因为“男降女不降”，女子的服装还保留着显著的明代遗风。从十七世纪中叶直到十九世纪末，流行着极度宽大的衫裤，有一种四平八稳的沉着气象。领圈至低，有等于无。穿在外面的是“大袄”，在非正式的场合，宽了衣，便露出“中袄”。“中袄”里面有紧窄合身的“小袄”，上床也不脱去，多半是娇媚的桃红或水红。三件袄子之上又加着“云肩背心”，黑缎宽镶，盘着大云头。

削肩，细腰，平胸，薄而小的标准美女在这一层层衣衫的重压下，失踪了。她的本身是不存在的，不过是一个衣架子罢了。中国人不赞成太触目的女人。历史上记载的耸人听闻的美德——譬如说，一只胳膊被陌生男子瞥见了，便将它砍掉——虽然博得普通的赞叹，知识阶级对之总隐隐地觉得有点遗憾，因为一个女人不该吸引过度的注意；任是铁铮铮的名字，挂在千万人的嘴唇上，也在呼吸的水蒸气里生了锈。女人要想出众一点，连这样堂而皇之的途径都有人反对，何况奇装异服，自然那更是伤风败俗了。

出门时裤子上罩的裙子，其规律化更为彻底。通常都是黑色，逢着喜庆年节，太太穿红的，姨太太穿粉红。寡妇系黑裙，可是丈夫过世多年之后，如有公婆在堂，她可以穿湖色或雪青。裙上的细褶是女人的仪态最严格的试验。家教好的姑娘，莲步珊珊，百褶裙虽不至于纹丝不动，也只限于最轻微的摇颤。不惯穿裙的小家碧玉走起路来便予人以惊风骇浪的印象。更为苛刻的是新娘的红裙，裙腰垂下一条条半寸来宽的飘带，带端系着铃。行动时，只许有一点隐约的叮当像远山上宝塔上的风铃。晚至一九二〇年左右，比较潇洒自由的宽褶裙入时了，这一类的裙子方才完全废除。

穿皮子，更是禁不起一些出入，便被目为暴发户。皮衣有一定的季节，分门别类，至为详尽。十月里若是冷得出奇，穿三层皮是可以的，至于穿什么皮，那却要顾到季节而不能顾到天气了。初冬穿“小毛”，如青种羊，紫羔，珠羔，然后穿“中毛”，如银鼠，灰鼠，灰脊，狐腿，甘肩，倭刀，隆冬穿“大毛”，——白狐，青狐，西狐，玄狐，紫貂。“有功名”的人方能穿貂。中下等阶级的人以前比现在富裕得多，大都有一件金银嵌或羊皮袍子。

姑娘们的“昭君套”为阴森的冬月添上点色彩。根据历代的图画，昭君出塞所戴的风兜是爱斯基摩式的，简单大方，好莱坞明星仿制者颇多。中国十九世纪的“昭君套”却是颠狂冶艳的，——一顶瓜皮帽，帽沿围上一圈皮，帽顶缀着极大的红绒球，脑后垂着两根粉红缎带，带端缀着一封金印，动辄相击作声。

对于细节的过份的注意，为这一时期的服装的要点。现代西方的时装，不必要的点缀品未尝不花样多端，但是都有个目的——把眼睛的蓝色发扬光大起来，补助不发达的胸部，使人看上去高些或矮些，集中注意力在腰肢上，消灭臀部过度的曲线……古中国衣衫上的点缀品却是完全无意义的。若说它是纯粹装饰性质的罢，为什么连鞋底上也满布着繁缛的图案呢？鞋的本身就很少在人前漏脸的机会，别说鞋底了，高底的边缘也充塞着密密的花纹。

袄子有“三镶三滚”，“五镶五滚”，“七镶七滚”之别，镶滚之外，下摆与大襟上还闪烁着水钻盘的梅花，菊花。袖上另钉着名唤“阑干”的丝质花边，宽约七寸，挖空镂出福寿字样。

这样聚集了无数小小的有兴趣之点，这样不停地另生枝节，放恣，不讲理，在不相干的事物上浪费了精力，正是中国有闲阶级一贯的态度。惟有世界上最清闲的国家里最闲的人，方才能够领略到这些细节的妙处。制造一百种相仿而不犯重的图案，固然需要艺术与时间；欣赏它，也同样地烦难。

古中国的时装设计家似乎不知道，一个女人到底不是大观园。太多的堆砌使兴趣不能集中。我们的时装的历史，一言以蔽之，就是这些点缀品的逐渐减去。

当然事情不是这么简单。还有腰身大小的交替盈蚀。第一个严重的变化发生在光绪三十二三年。铁路已经不那么稀罕了，火车开始在中国人的生活里占着一重要位置。诸大商港的时新款式迅速地传入内地。衣裤渐渐缩小，“阑干”与阔滚条过了时，单剩下一条极窄的。扁的为“韭菜边”，圆的为“灯草边”，又称“线香滚”。在政治动乱与社会不靖的时期——譬如欧洲的文艺复兴时代——时髦的衣服永远是紧匝在身上，轻捷俐落，容许剧烈的活动。在十五世纪的意大利，因为衣裤过于紧小，肘弯膝盖，筋骨接榫处非得开缝不可。中国衣服在革命酝酿期间差一点就胀裂开来了。“小皇帝”登基的时候，袄子套在人身上像刀鞘。中国女人的紧身背心的功用实在奇妙——衣服再紧些，衣服底下的肉体也还不是写实派的作风，看上去不大像个女人而像一缕诗魂。长袄的直线延至膝盖为止，下面虚飘飘垂下两条窄窄的裤管，似脚非脚的金莲抱歉地轻轻踏在地上。铅笔一般瘦的裤脚妙在给人一种伶仃无告的感觉。在中国诗里，“可怜”是“可爱”的代名词。男人向有保护异性的嗜好，而在青黄不接的过渡时代，颠连困苦的生活情形更激动了这种倾向。宽袍大袖的，端凝的妇女现在发现，太福相了是不行的，做个薄命人反倒于她们有利。

那又是一个各趋极端的时代。政治与家庭制度的缺点突被揭穿。年青的知识阶级仇视着传统的一切，甚至于中国的一切。保守性的一方面也因为惊恐的缘故而增强了压力。神经质的论争无日不进行着，在家里，在报纸上，在娱乐场所。连涂脂抹粉的文明戏演员，姨太太们的理想恋人，也在戏台上向他的未婚妻借题发挥，讨论时事，声泪俱下。

一向心平气和的古国从来没有如此骚动过。在那歇斯底里的气氛里，"元宝领"这东西产生了——高得与鼻尖平行的硬领，像缅甸的一层层叠至尺来高的金属顶圈一般，逼迫女人们伸长了脖子。这吓人的衣领与下面的一捻柳腰完全不相称。头重脚轻，无均衡的性资正象征了那个时代。

民国初建立，有一时期似乎各方面都有浮面的清明气象。大家都认真相信卢骚的理想化的人权主义。学生们热诚拥护投票制度，非孝，自由恋爱。甚至于纯粹的精神恋爱也有人实验过，但似乎不曾成功。

时装上也显出空前的天真，轻快，愉悦。"喇叭管袖子"飘飘欲仙，露出一大截玉腕。短袄腰部极为紧小。上层阶级的女人出门系裙，在家里只穿一条齐膝的短裤，丝袜也只到膝为止，裤与袜的交界处偶然也大胆地暴露了膝盖。存心不良的女人往往从袄底垂下挑拨性的长而宽的淡色丝质裤带，带端飘着排穗。

民国初年的时装，大部份的灵感是得自西方的。衣领减低了不算，甚至被蠲免了的时候也有。领口挖成圆形，方形，鸡心形，金刚钻形。白色丝质围巾四季都能用。白丝袜脚跟上的黑绣花，像虫的行列，蠕蠕爬到腿肚子上。交际花与妓女常常有戴平光眼镜以为美的。舶来品不分皂白地被接受，可见一斑。

军阀来来去去，马蹄后飞沙走石，跟着他们自己的官员，政府，法律，跌跌绊绊赶上去的时装，也同样地千变万化。短袄的下摆忽而圆，忽而尖，忽而六角形。女人的衣服往常是和珠宝一般，没有年纪的，随时可以变卖，然而在民国的当铺里不复受欢迎了，因为过了时就一文不值。

时装的日新月异并不一定表现活泼的精神与新颖的思想。恰巧相反，它可以代表呆滞；由于其他活动范围内的失败，所有的创造力都流入衣服的区域里去。在政治混乱期间，人们没有能力改良他们的生活情形。他们只能够创造他们贴身的环境——那就是衣服。我们各人住在各人的衣服里。

一九二一年，女人穿上了长袍。发源于满洲的旗袍自从旗人入关之后一直是与中土的服装并行着的，各不相犯。旗下的妇女嫌她们的旗袍缺乏女性美，也想改穿较妩媚的袄裤，然而皇帝下诏，严厉禁止了。五族共和之后，全国妇女突然一致采用旗袍，倒不是为了效忠于满清，提倡复辟运动，而是因为女子蓄意要模仿男子。在中国，自古以来女人的代名词是“三绺梳头，两截穿衣。”一截穿衣与两截穿衣是很细微的区别，似乎没有什么不公平之处，可是一九二〇年的女人很容易地就多了心。她们初受西方文化的薰陶，醉心于男女平权之说，可是四周的国际情形与理想相差太远了，羞愤之下，她们排斥女性化的一切，恨不得将女人的根性斩尽杀绝。因此初兴的旗袍是严冷方正的，具有清教徒的风格。

政治上，对内对外陆续发生的不幸事件使民众灰了心。青年人的理想总有支持不了的一天。时装开始紧缩。喇叭管袖子收小了。一九三〇年，袖长及肘，衣领又高了起来。往年的元宝领的优点在它的适宜的角度，斜斜地切过两腮，不是瓜子脸也变了瓜子脸，这一次的高领却是圆筒式的，紧抵着下颌，肌肉尚未松弛的姑娘们也生了双下巴。这种衣领根本不可恕。可是它象征了十年前那种理智化的淫逸的空气——直挺挺的衣领远远隔开了女神似的头与下面的丰柔的肉身。这儿有讽刺，有绝望后的狂笑。

当时欧美流行着的双排钮扣的军人式的外套正和中国人凄厉的心情一拍即合。然而恪守中庸之道的中国女人在那雄赳赳的大衣底下穿着拂地的丝绒长袍，袍叉开到大腿上，露出同样质料的长裤子，裤脚上闪着银色花边。衣服的主人翁也是这样的奇异的配答，表面上无不激烈地唱高调，骨子里还是唯物主义者。

近年来最重要的变化是衣袖的废除。（那似乎是极其艰难危险的工作，小心翼翼地，费了二十年的工夫方才完全剪去。）同时衣领矮了，袍身短了，装饰性质的镶滚也免了，改用盘花钮扣来代替，不久连钮扣也被捐弃了，改用揿钮。总之，这笔账完全是减法——所有的点缀品，无论有用没用，一概剔去。剩下的只有一件紧身背心，露出颈项，两臂与小腿。

现在要紧的是人，旗袍的作用不外乎烘云托月忠实地将人体轮廓曲曲勾出。革命前的装束却反之，人属次要，单只注重诗意的线条，于是女人的体格公式化，不脱衣服不知道她与她有什么不同。我们的时装不是一种有计划有组织的实业，不比在巴黎，几个规模宏大的时装公司如Lelong's Schiaparelli's垄断一切，影响及整个白种人的世界。我们的裁缝却是没主张的。公众的幻想往往不谋而合，产生一种不可思议的洪流。裁缝只有追随的份儿。因为这缘故，中国的时装更可以作民意的代表。

究竟谁是时装的首倡者，很难证明，因为中国人素不尊重版权，而且作者也不甚介意，既然抄袭是最隆重的赞美，最近入时的半长不短的袖子，又称"四分之三袖，"上海人便说是香港发起的，而香港人又说是由上海传来的，互相推诿，不敢负责。

一双袖子翩翩归来，预兆形式主义的复兴。最新的发展是向传统的一方面走，细节虽不能恢复，轮廓却可尽量引用，用得活泛，一样能够适应现代环境的需要。旗袍的大襟采取围裙式，就是个好例子，很有点"三日入厨下"的风情，耐人寻味。

男装的近代史较为平淡。只有一个极短的时期，民国四年至八九年，男人的衣服也讲究花哨，滚上多道的如意头，而且男女的衣料可以通用，然而生当其时的人都认为那是天下大乱的怪现状之一。目前中国人的西装，固然是谨严而黯淡，遵守西洋绅士的成规，即是中装也长年地在灰色，咖啡色，深青里面打滚，质地与图案也极单调。男子的生活比女子自由得多，然而单凭这一件不自由，我就不愿意做一个男子。

衣服似乎是不足挂齿的小事。刘备说过这样的话："兄弟如手足，妻子如衣服。"可是如果女人能够做到"丈夫如衣服"的地步，就很不容易。有个西方作家（是萧伯纳么？）曾经抱怨过，多数女人选择丈夫远不及选择帽子一般的聚精汇神，慎重考虑。再没有心肝的女子说起她"去年那件织锦缎夹袍"的时候，也是一往情深的。

直到十八世纪为止，中外的男子尚有穿红着绿的权利。男子服色的限制是现代文明的特征。不论这在心理上有没有不健康的影响，至少这是不必要的压抑。文明社会的集团生活里，必要的压抑有许多种。似乎小节上应当放纵些，作为补偿。有这么一种议论，说男性如果对于衣着感到兴趣些，也许他们会安份一点，不至于千方百计争取社会的注意与赞美，为了造就一己的声望，不惜祸国殃民。若说只消将男人打扮得花红柳绿的，天下就太平了，那当然是笑话。大红蟒衣里面戴着绣花肚兜的官员，照样会淆乱朝纲。但是预言家威尔斯的合理化的乌托邦里面的男女公民一律穿着最鲜艳的薄膜质的衣裤，斗篷，这倒也值得做我们参考的资料。

因为习惯上的关系，男子打扮得略略不中程式，的确看着不顺眼，中装上加大衣，就是一个例子，不如另加上一件棉袍或皮袍来得妥当，便臃肿些也不妨。有一次我在电车上看见一个年青人，也许是学生，也许是店伙，用米色绿方格的兔子呢制了太紧的袍，脚上穿着女式红绿条纹短袜，嘴里衔着别致的描花假象牙烟斗，烟斗里并没有烟。他吮了一会，拿下来把它一截截拆开了，又装上去，再送到嘴里去吮，面上颇有得色。乍看觉得可笑，然而为什么不呢，如果他喜欢？……秋凉的薄暮，小菜场上收了摊子，满地的鱼腥和青白色的芦粟的皮与渣。一个小孩骑了自行车冲过来，卖弄本领，大叫一声，放松了扶手，摇摆着，轻倩地掠过。在这一刹那，满街的人都充满了不可理喻的景仰之心。人生最可爱的当儿便在那一撒手罢？

（选自《古今》半月刊1943年第36期）

中国女子服饰的演变

□ 张宝权

在他们一年一度，把几十年来堆贮起来的衣饰取出曝晒的日子，来参观一下中国家庭吧！砌积在过去生活奋斗上的尘埃摇落了下来，在黄色太阳光里飞舞着。记忆如果有气味的话，那末，这是樟脑的芳味，甜蜜而安适，像还味到的欢乐；甜蜜而孤单，像已是淡漠了的忧愁。你走进两根竹竿中间的小径，两侧垂着颜色鲜明的丝绸，宛如踏入了从过去风尚里开辟出来的走廊。你把前额凑近刚才被曝光晒热，现在已是冷了的绣金物饰上。太阳已经离开平滑的绣金世界。

我们真难以相信，不到五十年前，这些饰物似乎显示了一个无穷尽的世界。试想像维多利亚女皇的御权保持了三个世纪的漫长时期！一代一代的妇女穿着一种式样的衣饰，这便是中国在满族统治下，安定一致而极端的习惯。

二百五十年的定式

差不多有清一代（一六四四——一九一一），标准的服饰便是一套袄裤。裤的长度和大小相当于现代的 Swagger Coat。领子非常低。大袖子和裤子显出一种镇静文雅的感受。袖口宽约二英尺，到后来已稍缩减。全套服饰除穿在外面的大袄外，尚有“中袄”只在非正式的情况下，卸去大袄时才看见，和紧贴身上的小袄，这是在床上穿的，普通都染作桃或水红等颜色，很富诱惑性。在这许多衣服的外面，罩一件“云肩马甲”，因为它的阔边剪裁成云卷的形状，所以起了这个名辞。

一个理想中的中国女子，在这重重的衣饰下，身材纤小玲珑，下斜的肩膀，凹陷的胸部，弱不禁风，这是女子最重要的性质。历史告诉我们，即就是最光荣的德性——例如，偶然被陌生人看见了自己的手臂，便把全只手臂截下——在乡间曾非常受人称扬，知识人士却并不十分赞成，因为一个女子在男子的鼻息中，不应该吸引人的注意，或是败坏名誉。用这种方法来求取名誉的女子尚且受人非难，要想从一向沿袭的服饰上翻花样来吸引人家注意，那是更不容说了。

遇到举行典礼的时候，穿在裤外的裙，定式非常谨严。大都用广东绉纱或纱制成，颜色普通作黑色，遇到节日妻子穿大红色，妾穿粉红色。寡妇是禁用大红色，但经过相当年份后，如果公婆在世的话，可以穿淡紫色或湖蓝色。裙上有一百多条狭细的褶纹，用来试验女子的美性。名门闺秀举步非常谨慎端庄，只见褶纹微动，而下流少女虽然美貌，举步粗重，在细褶纹上掀起巨大的骚动。新娘所穿的裙更是以试验女子的美性，红色，同样有许多褶纹，更有无数饰带，约有半寸宽，垂直下垂，每一带的顶端系一小铃。用意是在走路时，只准有一阵微弱的铃声，像微风送来的远处塔上的铃声。这些裙子直到革命许多年后才废除。

穿皮衣服的规约

穿皮衣愈穿得合时，便是表示愈有钱。因为每一种皮服只有数星期，极容易误穿过时的皮袍。在十月里出乎意料的寒冷天气，可以穿三种皮袄，但在选择皮服的时候，是依季候而不依天气的。初冬穿小皮，开始先穿“波斯羊皮”而后依次换穿“紫羔”，“珠皮”，“鼬皮”，“灰鼠”，然后改穿“中皮”——“灰背”，“狐腿”，“日本剑”；最后穿“大皮”——“白狐皮”，“蓝狐皮”，“西洋狐皮”，“黑狐皮”，“紫貂”——末了一种皮只限于有官职的人才可穿着。中下等以下人士惯常穿着羊皮和“金银狐”——一种把腹部和背部黄白部份细工联缀而成的皮。毛皮在衣缘和袖口露出半英寸。

寒冷的冬季里，少女们戴着“昭君头巾”，名称的由来是取自纪元后一世纪时的宫女王昭君，她是历史上的美人。画面上的她，常骑着马，戴着羊皮头巾，一副沮丧的表情，一路向北去嫁给匈奴的可汗，这是中国的和亲政策。她那著名的头巾有哀斯基摩人的头巾那种庄严简单的性质，这种头巾在好莱坞已很盛行。但十九世纪的式样很奇——一顶男子所戴的缎帽，四周围以毛皮，顶上有一大红毛球和一对紫色缎带垂在后面，带的盖头缝有金印，发出一阵铃的声响。

有意义的附件

这一点指出了当代中国装束的特征。现代的衣帽，常有一目的——衬出眼睛的颜色，制造内心的幻觉，增长或减少，引起对腰部的注意，隐蔽臀部。但，中国服饰的附件是一无目的，完全是装饰性质，有时候连装饰性质都没有。例如，没有一个艺术家能够使人注意到他在女子鞋底上的复杂图案，除非间接从印在尘埃里的痕迹上来观察。自制鞋底，用旧布，浆糊和硬纸胶合一起，上面缀着白色针脚，带有回教式素净雅洁的风味。微微高起的鞋跟，也绣着精巧的图案，实际在鞋底上所占的地位还不到一方毫。

局势颠荡中的闺女

衣服式样在清朝末年，又发生了变化。其时正是光绪三十二三十三年，铁道已由一件认为新奇的东西，而在中国人生活上开始占有重要地位，通商大埠的风气也传入了内地地方。衣服的大小顿时起了混乱。在政治不安定社会骚动的时代，往往会盛行一种便于行动的紧身衣服。十七世纪的意大利式短衣，紧小得衣上的长缝，须贴在身上缀合。中国衣服在革命鼎沸的时候，就没有再放大。当时的上袄像鞘一样的紧贴手臂和躯体。

头发的式样

早期的头发式样（自十七世纪中叶清朝奠基后，一直到呈现衰微征兆的十九世纪），很有格式。头发慢慢向后掠，稍稍掩盖着两耳，在后面打成一髻。杭州式的发髻地位稍高，苏州式的发髻打在头颈的颈背——杭州和苏州当时两大都市，犹如现在的上海和香港。阔而带方的额角，微圆的颧部，砌成一付鹅蛋脸相，这是当时认为最理想的面貌。女子修面并不用剃刀，而用一根张紧的棉丝线。

少女在头顶的两边盘着两个圆髻。出嫁的时候，用上述方法把额部放阔放高。

在清朝中叶流行一种发式，叫做"满天星"，一簇短发，长约一英寸，差不多水平的刺出在额部，虽然十分难看，但盛行过好几年。

清末民初时，妇女发式的混乱，可以从林琴南所著畏庐琐记中推想到。里边大概怎样说：

"当我年轻时，妇女发式常作西施式，往后其形态延长，略作羹匙形，称做'苏州髻'。两发髻一左一右，称做'琵琶髻'。近数十年最流行者，当推'圆髻'。但最近我看见一种古怪无比的发髻。原来此种发髻很驰松的挂在背后，在其下面须用若干假发固定它。另一种发髻，将头发卷在额角，作蛇形，称做'民国髻'。有时偶然看见车中妇女任头发下垂，在其底系一结，究竟称做什么髻，却无从知道。"林琴南列举古代各种著名的发髻式样。这种记录舍具有历史价值外，我们可以从中发现，我们所可想到的古代发髻，实包括现代西洋一切发髻，不过中国的发髻是实心的，西洋的发髻是空心的。

最早的发髻并不用任何东西栓住，仅是集在一起罢了。纪元前十二世纪有一个国王在女子的发髻上缀以珠玉，使每举一步，发髻摇晃一次。第一个统一中国，建造长城的秦始皇极欢喜一种发髻。汉代有几种发髻称做"迎春""两心合一""悲喜"等名称。汉朝的公主开始利用假发。唐代的君主也各有醉心于不同发髻。

除了上面这些宫中的发髻外，官员夫人的发髻称做"落马髻"，一边耸起，许多头发软圈自由散开（这种式样现在上海很流行）。"落马髻"盛行于唐五胡乱华之前，当时人士都认为一种凶兆，暗示着高贵女子被胡虏兵士架走时，悬在马上挣扎的样子。

妇女的帽子

现代中国女子不戴帽子，但过去是戴的。所谓帽子不过是绕在头上的一条黑色缎带。清朝初期，这种帽子在额前的边缘是圆形的，后来渐渐蜕化成弧形，额前的正中，缀有帽饰，称做“帽平”，起始的时候一共有五颗，正帽上形成直下的一排。当帽子的形式变动时，帽饰也一颗颗减少，最后，帽的中央只剩下仅堪缀一粒珠子的细小地位，这也就是末了的一种式样。革命后，这种女帽便成为一桩逝去了的艺术。

西洋风尚的影响

民国立元后，随着是一个表面上开化的时代。沾染西洋文化的学生高唱“人人有投票权”，“恋爱自由”等等。然而，纯正的精神恋爱，经过许多试验，始终没有成就。当时的头发式样——头发在中央分开，两边各打一发髻，额前一撮头发差不多盖上眉毛——有着天真烂漫的气息。

衣服的轻飘华丽是过去所及不到的。“喇叭袖”很像西洋僧正的袖子，比较短一点，上段很紧小，袖长齐肘部，下段宽大轻飘和上段相反。上袄的长度恰和髋部相齐，腰部的型式非常美妙。上层阶级的女子出门时，惯常穿一袭裙子，大多是黑颜色的，在家的时候，仅穿一条短裤，裤袖与腿膝相齐，紧接着丝袜袜统——是一种大胆而极富诱惑性的打扮，裤子是用一条具有流苏的带子缚住，轻佻的下层女子在上袄前下方，常流出一英尺许长的流苏。据说这是色情的显明表示哪。

早期的共和式样大部是从西洋搬来。最初把领子高度减低，随着又全部取消。敞领，圆领，方领，心形领；四季沿用的白巾；白色丝袜上面绣着黑色的刺绣一直到足踝为止；这种种都是从当时欧洲的风尚中直接采取来。这一种盲目搬取西洋风尚，使一般社会女子和职业女子以带眼镜为装饰品，因为其时眼镜是一件时髦的东西。

新中国的局势很不安定，战争时发时止，而每一次的战争结果，总是带来了种种改革，也许说变动来得确当，因而风尚也随着更动。上袄的衣缘最初是方形的，后来变成圆形，更由圆形而V字形，以至六角形。这种迅速的变动，使女子的衣服在当铺里便弄得不值钱了。

旗袍的开始

一九二一年女子开始穿长袍。长袍本来是满洲女子的土著服装，为了纪念八旗兵，才称做“旗袍”。式样很富男性感觉。满族女子初次移居中国，即醉心于较柔软较动人的汉人服装上袄和裤子，但是深深地受到皇帝谕告的斥责。女子们突然的普遍采用这种服装，并不是一种复旧运动，乃是女子想仿效男子所引起。自古以来，中国女子的服装就没有脱出袄裤的范围。而男子的服装从清朝起始，在腰部不再有分两截的了。（编者按：清季仍有两截衣服，比如用两种料子缝拢的长衣便是。）当男子受人攻击的时候，他会拍拍胸膛，申辩“他不是穿节头衣服的人”，这就是说他不是女人。这一点虽然很细微，但一九二〇年的女子对这不重要的分辨却很注意，她们喜欢自己也变得粗犷，因为西洋作者鼓励她们和男子取得平等，因此对现实发生憎恨而反抗起她们的妇道来了。早期共和时代的妇女都流露出一种刚强的性格。长袍的袖子最初很宽阔，立刻又改成狭小。袍的四周都绕着一条细滚边。头发梳向背面，结成一种发髻，称做“风凉髻”。

一九二八年时，中国女子领会到曲线美，把头发很平滑的拉向后面，在根头微微的揉成波浪形。往该时起，中国女子的头发形式完全学习西洋风气，然而终比西洋落后一年或二年。

竹筒样的领子

一九三〇年长袍袖子与肘部相齐作圆柱形，领子亦相同。当时，高领子又重新风行，这次可比以前更难看，因为领子在颚骨附近不再如过去那样对角截切，使在面部呈心脏形。当时的领子成为管状，压逼下颌，使其不能产生重颌。这种式样除了可以表示是一九三〇年以外，一无可取的地方。

近来最重要的改革便是取消袖子（从取消袖子的过程来说，却是一椿谨慎的手段），和减短长度和领高。除了一切减缩外，更除去一切必需或无需的装饰品，以合于简单而适体驱的原则。

最新的趋势，有还复过去的倾向，这是就一般来说。

风尚在中国不是握住少数时装公司手里的一种事业。中国的服装工人对于时时变化的式样是无可奈何的。

我们没有办法知道谁发明这些风尚，因为中国人的模仿能力是相当大的，因此，第一个穿新奇服式的人便会消失在一群仿效人中间。近顷流行一种服式，衣袖长约四分之三，上海将它的起源归到香港，而香港又推委责任，说是上海创行的。

革命前的服装完全以人来受服式的限止，革命后的服装便渐渐走向相反的方向——即以人体为服式的模式。二年前，我们看到盛行没有袖子的长袍，一九四一年又恢复之袖子的存在。这表示又走向一个新的定式。

（选自《新东方杂志》1943 年 5 月号）

忧“天乳”

□ 鲁迅

《顺天时报》载北京辟才胡同女附中主任欧阳晓澜女士不许剪发之女生报考，致此等人多有望洋兴叹之慨云云。是的，情形总要到如此，她不能别的了。但天足的女生尚可投考，我以为还有光明。不过也太嫌“新”一点。

男男女女，要吃这前世冤家的头发的苦，是只要看明末以来的陈迹便知道的。我在清末因为没有辫子，曾吃了许多苦，所以我不赞成女子剪发。北京的辫子，是奉了袁世凯的命令而剪的，但并非单纯的命令，后面大约还有刀。否则，恐怕现在满城还拖着。女子剪发也一样，总得有一个皇帝（或者别的名称也可以），下令大家都剪才行。自然，虽然如此，有许多还是不高兴的，但不敢不剪。一年半载，也就忘其所以了；两年以后，便可以到大家以为女人不该有长头发的世界。这时长发女生，即有“望洋兴叹”之忧。倘只一部分人说些理由，想改变一点，那是历来没有成功过。

但现在的有力者，也有主张女子剪发的，可惜据地不坚。同是一处地方，甲来乙走，丙来甲走，甲要短，丙要长，长者剪，短了杀。这几年似乎是青年遭劫时期，尤其是女性。报载有一处是鼓吹剪发的，后来别一军攻入了，遇到剪发女子，即慢慢拔去头发，还割去两乳……这一种刑罚，可以证明男子短发，已为全国所公认。只是女人不准学。去其两乳，即所以使其更像男子而警其妄学男子也。以此例之，欧阳晓澜女士盖尚非甚严欤？

今年广州在禁女学生束胸，违者罚洋五十元。报章称之曰“‘天乳’

运动”。有人以不得樊增祥作命令为憾。公文上不见“鸡头肉”等字样，盖殊不足以餍文人学士之心。此外是报上的俏皮文章，滑稽议论。我想，如此而已，而已终古。

我曾经也有过“杞天之虑”，以为将来中国的学生出身的女性，恐怕要失去哺乳的能力，家家须雇乳娘。但仅只攻击束胸是无效的。第一，要改良社会思想，对于乳房较为大方；第二，要改良衣装，将上衣系进裙里去。旗袍和中国的短衣，都不适于乳的解放，因为其时即胸部以下掀起，不便，也不好看的。

还有一个大问题，是会不会乳大忽而算作犯罪，无处投考？我们中国在中华民国未成立以前，是只有“不齿于四民之列”者，才不准考试的。据理而言，女子断发既以失男女之别，有罪，则“天乳”更以加男女之别，当有功。但天下有许多事情，是全不能以口舌争的。总要上谕，或者指挥刀。

否则，已经有了“短发犯”了，此外还要增加“‘天乳’犯”，或者也许还有“天足犯”。呜呼，女性身上的花样也特别多，而人生亦从此多苦矣。

我们如果不谈什么革新，进化之类，而专为安全着想，我以为女学生的身体最好是长发，束胸，半放脚（缠过而又放之，一名文明脚）。因为我从北而南，所经过的地方，招牌旗帜，尽管不同，而对于这样的女人，却从不闻有一处仇视她的。

（选自《语丝》周刊 1927 年第 152 期）

谈服装

□ 徐訏

…………

历史上去考服装的变演，其实都不外扬美而掩丑，不过是陷于当时的观点与环境，或者混杂一点道德的习惯吧了。

即以缠脚来说，据我想来；完全是适合宫殿环境的。长袍扫地，婀娜地冉冉而来，其美何如？而且宫女从民间选来，难免面貌艳丽，而行动粗率的，缠脚之法，是能将此矫正无疑也。

现在衣装之奇异，其实同以前一样，不过是因为环境与别方面的变动吧了。以前长袖宽衣，如梅兰芳之演出者……

…………

而且，一个人在服装上自由显扬自己美点，则每个人都会在服装露出个性的。现在则早无个性之可言！一妓首倡，万女仿效；一花入时，大家都做；无论老幼，八十岁与八岁；无论肥瘦长短，花色千篇一律，式样完全相同，都无脱光了照镜子自己估量自己的精神，只信裁缝所传，以时行为美丽。盖服装到如今，都市中，青年早已离开美，老年人早已离开舒适的立场，只表示金钱之多寡与倡随之快慢吧了。

…………

（选自《人间世》1934年第11期，有删节）

咸与维新，时尚摩登

民国原本是长期游走海外的孙中山及其成立于海外的兴中会、同盟会“挟西征东”的产物，因此其先天具有一定的西化的或者普世的特质，无论多么深厚的优良传统都具有一定的现代性；时尚的一步步发展，也渐渐地明白了如果贴上“Modern”的标签，便仿佛具有了进步性，增强了合法性；方此之际，留学或旅西归来者，遍身西装，顾盼“Modern”。如此数重“摩登”的合流，时尚便渐渐修成正果，尽管有新生活运动的阻滞，也有反摩登的骚扰。相对而言，这些都不过属于生产关系、上层建筑，民国毕竟是追随姓资的普世大流，而且还在第一次世界性大萧条中，奇迹般地创造过经济的黄金十年。

乘着经济黄金十年的东风，时尚经济应运发展，民国著名的时装生产和销售厂店，比如云裳公司、鸿翔公司都应时而出；以上海的四大百货为代表的商界，也纷纷追逐时尚商品；时装表演和时装展览等与国际接轨的时装营销推广模式也都引进中国。这一切，都标志着时尚真正修成正果。嗣后，即便先有新生活运动后有国货运动，即便在国难之中，时尚亦不可或缺。比如，宋氏三姐妹为了推广国货，慰藉国民，穿着国货旗袍在重庆举办了一场街头时装表演——时装，表征了时代，表征了“Modern”，诚可谓“咸与维新，时尚摩登”！

时世妆，摩登妆与时装

唐人秦韬玉《贫女》诗说：“谁爱风流高格调，共怜时世俭梳妆。”衣妆趋时，古今一也。只不过到了近世，时世妆唤作摩登妆。无论时世妆或者摩登妆，都关系经济甚大。但如果因此开展一场取缔奇装异服的政治运动，则未免太过中国特色，遭到强烈的反弹，诚所谓过犹不及。其实就服装说服装，摩登真有许多可反之处。一是舶来品乱上身，因为一般说来，“在‘摩拟’的情状之下，我们见到的所谓时装，常常是非常恶劣的东西。构制上既少美观，而质料与配色上尤多缺憾”。二是只求最贵不求最好，“于是时装之为时装，殆仅仅为自炫其高贵而并不为一种爱美观念之表见矣”！（苏

第三十一期　良友　新裝初試　28

新裝初試

NEW STYLE

APPAREL FOR WOMEN

衣襟上的新點綴

新樣式的領圍

新式的斗蓬

滬江攝

腰圍的花帶

新式的衣袖

《新装初试》，《良友》1928年第31期

凤《时装之美》，《申报》1933年9月23日）

最重要的是，到底当下的时世妆应该是什么样子，这才是个难题；挑起这个问题，让摩登界陷于困惑，引起反思，或许比简单的取缔要好。其实当时著名的《申报》已发出了这样的信号：“衣服的入时，装饰的华丽，几乎为一个摩登女子的必需品。式样、颜色、图案，迅速不断的变迁，使人莫测，不知其来源，更不知其去处，爱好摩登的女子，只知流行什么，穿着用着什么，连自己也不知其所以然。”并引了法国人Vollaire对于时装的描述：“它是个无恒、不惯、绝丽的美女。奇特的它的志趣，狂乱的它的装饰。好像逃去了，但仍姗姗而回，时时永远的生存着。它的父亲就是无主见者，它的名字，就是时装。”然后哀叹道：“我们只得自己承认人类是时装的奴隶，时装随着了人间的偏情，是最无理最狂乱的新式花样的媒介物。”（许弢《时装及其经济之影响：奇特的志趣，狂乱的装饰》，《申报》1933年10月7日）

中国长期是“二杆子”打天下。国民党的失败，更大程度上是输在笔杆子；要是充分发挥笔杆子的作用，奇装异服的问题，也不至于闹出风波，损及威信。其实到了后期，随着人们审美观念的提升与消费观念的进步，奇装异服不再是个性解放的代名词，而变成了人们调侃猎奇的谈资。1946年，《申报》在总结上海服饰发展的历史时，谈起早年的摩登妆束，就是这个调调：“那时所谓时装，对于阔千金，影响尚少，而北里中却有许多奇衫怪状。”意思是当年的摩登时装，不过是娼妓的行头，贬抑很甚。并举了两个特出的例子，如“在裤的两旁，做著插袋，插袋下面，又有排须缨络，远远望去，仿佛‘老学究’腰间所挂的眼镜袋”；又如“一字襟坎背，本是旗人装饰，民国以后，也曾流行过一时，北里名花，更有一盏小电灯，缀在襟扣之上，预储干电池于怀中，启放时光彩四射，顾盼生姿”。这些当年的摩登，到此时就变得“匪夷所思”了。（《上海妇女服装沧桑史》，《申报》1946年10月7日）

当然，有这种进步，美国人也帮忙不少。因为“巴黎已经没落，妇女时装的中心也从此迁移到了纽约”。在中国的受众看来，“巴黎的主要着眼点是悦目动人，纽约的则是切于实用”。能够做到“以服装的平民化为唯一目标，要做到多数女子都穿着美观衣饰的地步，而服装的价钱也须做到一般人民力量都能够得到的地步，以破除只有少数几个有钱阶级妇女所能独享的弊病”。（景明译《时装中心的新陈代谢》，《天下事》1940年第2期）诚如此，问题解决了，敢情好，只是没过几年，中美断交，新的平民化时装潮流，比起红色装束，那也是奇装异服得很——当然，在美国人看来，咱们的红色时装，才是旷代的奇装异服呢！

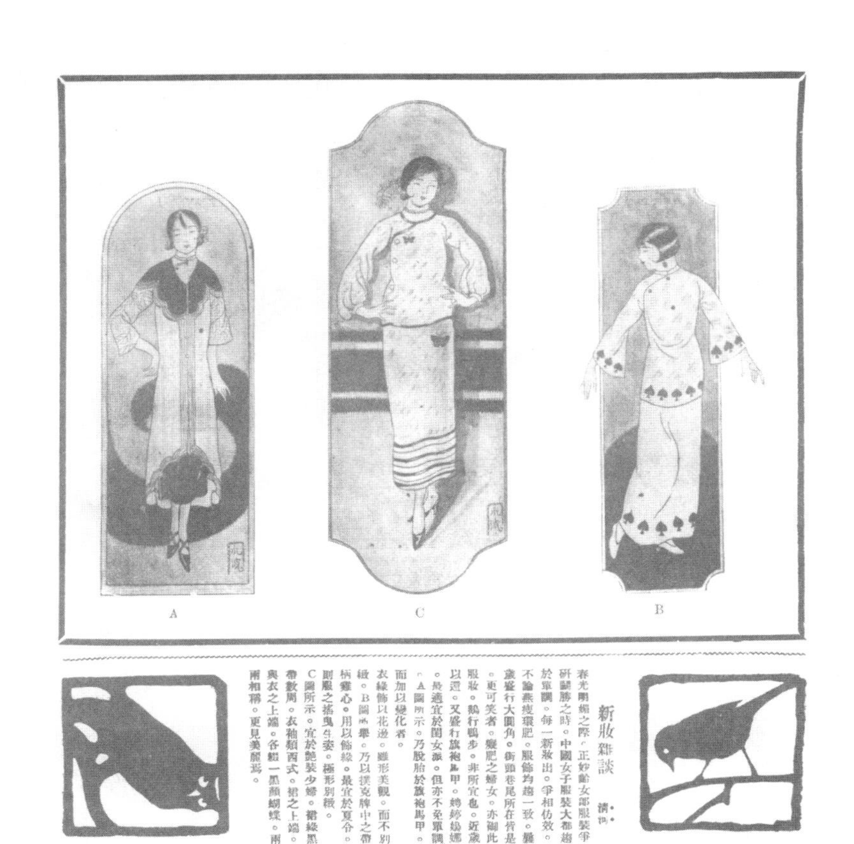

新妝雜談

春光明媚之際、正妙齡女郎服裝爭研鬬勝之時。中國女子服裝大都趨於單調。每一新妝出。爭相仿效。不論燕瘦環肥。服飾均趨一致。髮髻盛行大圓角。街頭巷尾所在皆是。更可笑者。癡肥之婦女。亦御此服妝。鵝行鴨步。非所宜也。近歲以還。又盛行旗袍馬甲。娉婷嫋娜。最適宜於閨女派。但亦不免單調。A圖所示。乃脫胎於旗袍馬甲。而加以變化者。衣緣飾以花邊。雖形美觀。而不別緻。B圖所舉。乃以撲克牌中之帶柄雞心。用以飾緣。最宜於夏令。則服之搖曳生姿。極形別緻。C圖所示。宜於艷裝少婦。裙緣黑帶數周。衣袖類西式。裙之上端。與衣之上端。各綴一黑顏蝴蝶。兩兩相稱。更見美麗焉。

《新妆杂谈》，《良友》1926 年第 3 期

美术家时代的时装

无论时装表演或者服装表演，均表明中国已经或者即将进入服装时尚的大众化时代。而这一初起时代的中国特色的核心元素，是美术；绘画是传统，美术却也是时尚。所以，民国第一次时装表演中，干夫人（按：唐绍仪只有八女儿唐宝玫适广东香山同乡甘鉴先，并无适干氏者，此干夫人，或为甘夫人之音误）开宗明义提出时装表演的首要目的“是寓美术教育于游戏”，其次则是“表现服装料作之如何可以充分利用”，否则“世有华丽绝伦之绸缎，及制成服装，不仅减损美观，且予人以笑柄”。因此，要想满足“女界人士于新奇服装之需要……则惟赖兹创作性之时装美术耳”。（《联青社游艺会预志：最出色之一种游艺——时装表演》，《申报》1926年12月14日）这干夫人确实有乃父唐绍仪的风范，一语点破时代先机，且强调得无以复加。事实证明其所言不虚，稍后的时装界，几无不以“美术”相号召。

在时装初起的年代，不像现在的时装公司那样先设计制作出时装样品，再放到时装杂志上，或者已经卖火了，时尚杂志再跟风报道，而往往是先有图画刊登于杂志，等有读者看中成为顾客了才能成为服装。从20世纪80年代过来的人，对此应当深有体会。只是80年代的画家们，对此多已不屑一顾，因而20年代开始的那一段时光，便更值得珍藏了。当时许多兼时装设计师的画家皆是画坛名彦，如叶浅予、张乐平、梁白波、李珊菲、方雪鸪、何志贞、但杜宇和万古蟾、万籁鸣、万涤寰、万超尘四兄弟等。叶浅予、张乐平等均是后来的画坛宗师，因此，他们当年的时装绘画之举，就成为不可多得的逸事了。

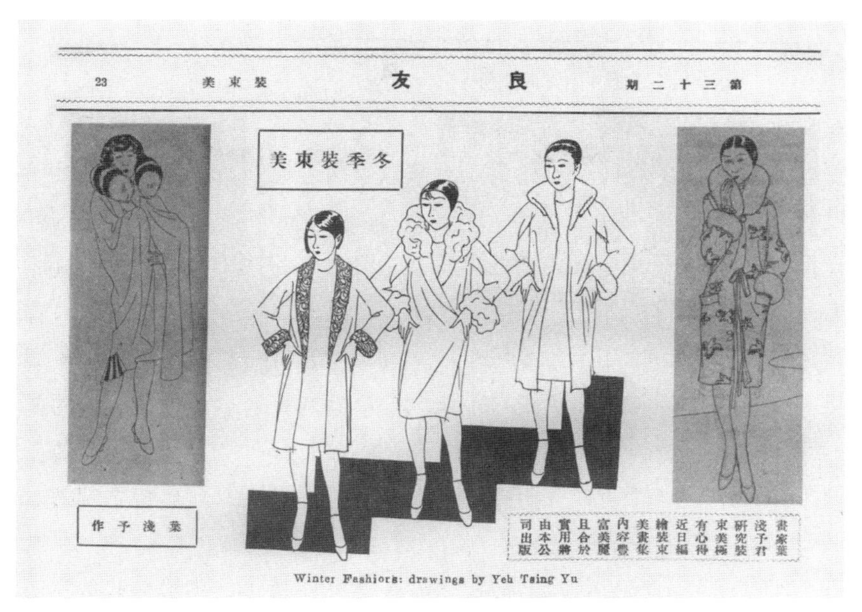

叶浅予《冬季装束美》，《良友》1928 年第 32 期

较早涉足时装绘画的画家是但杜宇。1920年《时报》增发图画周刊，开辟《新妆图说》，由但杜宇逐期编绘。但氏以画仕女月份牌闻名沪上，早在1919年即出版中国第一部个人漫画集《国耻画谱》，后来成为著名的导演和制片人。在那个年代，旗袍都还没有大兴，时装基本处于舶来阶段，但杜宇的工作，实在需要创意，于中国时装发展功不可没。嗣后，各报刊就纷纷开辟专栏，邀约画家创绘新装。如张爱玲所说上海滩几乎人手一册的《玲珑》杂志，邀约的是大画家叶浅予，天津《北洋画报》邀约的是李珊菲。尤其是《北洋画报》，身处北方的天津，读者反响更强烈，有人致函编辑说："妇女莫不着意其服装之时髦及美丽，但花样日有翻新，不能独出心裁者，每苦瞠乎人后。今贵报提倡新装，令人有所取法，殊足为交际社会之明灯，惟希继续刊登，弗使间断"。该报也就顺势加大服装美术的力度，"特约名画家曹涵美君绘'美的装束'即将制版刊出"。（《美的装束》，《北洋画报》1929年第330期）

风气之下，连专业的绘画杂志也开辟时装绘画专区，如《上海漫画》创刊号即以《新装画》相招徕："行将出世之五彩《上海漫画》系由漫画会员王敦庆、黄文农、叶浅予集合文艺界同志如丁悚、张光宇、王启煦、季赞育、陈秋草、方雪鸪等执笔编辑。其第一期内容有叶浅予之大小标准及新装画……"（《上海漫画定期出版》，《申报》1927年12月30日）更专业的《美术杂志》也为方雪鸪开辟了新装专栏。

最值得一提的是，美术名家、上海美专教务主任江小鹣教授，亲自参与创办中国第一家女子时装公司——云裳公司。作为沪上最著名的交际花之一的唐瑛"在外宣传，江则设计打样"，（《上海妇女服装沧桑史》，《申报》1946年10月7日）甚为人所津津乐道，堪称民国服饰史上的传奇佳话。

抚今追昔，现在的画家们，穿着打扮往往特出，学服装设计的往往要具备美术功底，但两者的分途却是有目共睹，何时能再度珠联璧合一回呢？

云想衣裳，人想『云裳』

唐诗里说，“云想衣裳花想容”，可在1927年以后的一段时间里，对于追求时尚的上海女子，却是人想衣裳到“云裳”。毕竟云裳公司高自标榜为“空前之美术服装公司”，声言“采取世界最流行的装束，参照中国人衣着习惯；材料尽量采用国货，以外货为辅；定价力求低廉，以期普及”。如此价廉物美超时尚，夫复何求！所以她敢打广告称：“要穿最漂亮的衣服，到云裳去；要配最有意识的衣服，到云裳去；要想最精美的打扮，到云裳去；要个性最分明的式样，到云裳去。”故尚未正式开业，鸳鸯蝴蝶派的重镇《紫罗兰》已在替她鸣锣开道，主编周瘦鹃亲自撰文说：“现在不是有那新装公司的成立吗？其中成立最先设备最完美的，当然是云裳公司。这种公司所负的使命，是在依照各个妇女的体格个性等等创制种种新装，务使各适其宜，各尽其

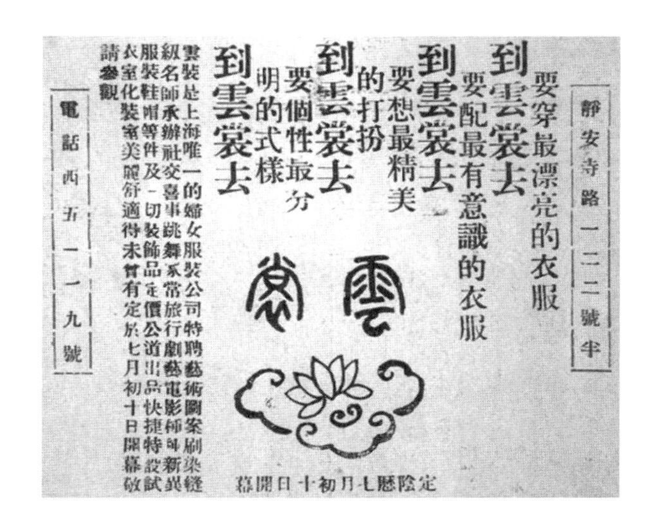

云裳广告

美。”（周瘦鹃《上海妇女是“黄泥腿”》，《紫罗兰》1926年第2卷第1期）紧接着又在其主持的著名的《申报》副刊刊文称：“静安寺路斜桥云裳公司，专制上等美术妇女新装，发起者既为名流巨子，制作者又为美术专家学者，故虽筹备之始，业已名播一时，定制衣裳，颇不乏人。”（《云裳公司之新装》，《申报》1927年7月18日）完全是广告用语，全无避忌。仅此还嫌不够，又约请张碧梧出马，说过去的所谓新所谓时髦，不过是以旧为新，自欺欺人罢了，现在新装公司（云裳）成立，“创式绘图和监制者多是一班于美术深有研究的人，他们凭着长期的研究所得再依着美术的原理自能创造出种种新式的装束，不独能够量体裁衣，必更能照着各个妇女身材的高矮”，必能打破这千年“连环套”！（张碧梧《打破连环套》，《紫罗兰》1926年第2卷第1期）

先声夺人，效果显著。“名媛如谭雅声夫人、张星海夫人、陈善浩夫人、丁慕琴夫人，明星如殷明珠女士等，皆已选样定制，他日衣成，吾人可于珈馆歌场间，在在见云裳新妆矣。”开幕之后，“招待参观，期订三日。第一日为文艺界与名流闺媛。第二日为电影界明星。第三日为花界诸姊妹。一时上海裙屐，几尽集于云裳公司之门”。（周瘦鹃《云想衣裳记》，《申报》1927年8月10日）适逢上海女界慰劳北伐前敌兵士的游艺大会，唐瑛亲自出马，带领八位模特，身穿自制的“极美丽极奇突的服装”，出演初兴极时髦的“时装表演”节目，顺便大派公司广告卡片。（金华亭《关于中央剧艺的几句话》，《申报》1927年8月8日）这些，都赚足了眼球，获得了可观的注意力和经济效益。

云裳公司的火爆，也引发了保守者的担忧。他们担心因此而人心思艳，而“装饰、奢侈，最引人堕落，最是扰乱社会秩序的”。并说，坊间关于“某某女学某某女大学，它们的学生都是小老婆主义者”的原因，就是因为穿着打扮所致；言下之意，云裳公司推波助澜，难辞其咎。（呵梅《对于云裳公司的几句话》，上海《民国日报》副刊《青年妇女》1927年8月15日第2期）同时，这也从侧面印证了云裳公司的巨大热力。

云裳公司的式微

在娱乐化的时代，写作者也往往沉湎“声色”，只管绘声绘色地写，忘了起码的理性思考。比如关于唐瑛的婚姻，写家无不极力描写宋子文如何对她苦苦追求，直到1931年，乃兄唐腴庐在宋氏遇刺案中被误杀，等于帮宋子文捡回了一条命；正因如此，乃父对于政治更加厌弃，唐宋姻缘，只好雨尽萍散——唐瑛终于嫁给了比较闷的豪商公子李祖法。其实呢，唐瑛在云裳公司成立前就已出嫁，似乎云裳公司的成立还与婚姻有关。《申报》1928年5月23日吉孚的文章《巴黎店》说：“唐瑛女士自嫁李君祖法，爱好甚笃。女士性聪慧，不亚须眉。鉴于其夫之有为，亦颇有志于自立，故去岁云裳公司，

唐瑛

女士亦为创办人之一。”《申报》是沪上首屈一指的大报，其时距云裳成立不到一年，所述自当可信。这也增加了一重证据否定“张幼仪实为老板不当老板而当经理”的奇怪论调。

然而，服饰服饰，服之外，饰亦至关重要，而云裳公司偏重于服，唐瑛当不惬于是，故吉孚的文章又说其“约宣君、厉君组织一化装店，名之曰巴黎店，西名VOGUEO，地址在静安寺路西摩路口，如粉镜、粉盒、烟盘、烟夹、皮包、洋人珠圈翠戒以及一切化妆品，无不应有尽有。虽泰运自巴黎，而间亦有女士手制，皆精妙无比。闻取价极廉，非若市侩之故昂其值也”。并申言所述皆出自唐瑛的亲口相告，尤其提到，“所售钟表，皆巴黎产，种类最多，亦最时式”，故作者说：“余知此店一开，海上士女，风气必当一变。姊妹出游，或将相告曰：‘到巴黎店去。’”

好了，这就引出历来皆语焉不详的云裳的命运了。须知，唐瑛作为沪上数一数二的交际花，交游繁忙，手下两家名牌时尚店，能顾得过来吗？当然顾不过来，所以众皆以为，唐瑛开店，纯粹为了出尽风头好玩来着，不久就将转手于人。所说固然有理，不过失于简单。窃以为最关键的是这种美术化、个性化的制作营销方式，在工业化大市场时代，未免“不合时宜”。比如设计靠江小鹣，江氏可是大师级别的雕塑家，哪有可能日夕耗在这方面？而营销仰赖于唐瑛，也有案可查。文字多有记述，说前此唐瑛购回时装，自出机杼，再着裁缝改进，便成独一件，永不撞衫。即便开了云裳公司，天赋秉性依然。如云裳公司推出并做真人秀的“披肩，类古钟形，表演时以手抱裹之，令腰部紧凑，则似印妇之裹巾而行，亦略能示体格之美”。但是美中究有不足，“试垂手而立，则又如卫生部之大蝇模型，殊不雅观也”，偏偏“独有唐瑛女士者，短裳及膝，狭袖及肘，不似一般，而号为最新”。诚如此，反倒更麻烦——独木宁能久支？

所以，云裳公司不久就易主了。具体易主时间不得而知，亦难得知，因为接手者为谭雅声夫人甘金荣，据周瘦鹃《云想衣裳记》可知也是朋友圈中人；再则云裳此后日渐式微，也就无人记述及考究这一小关节了。但据《申报》1932年11月14日寄萍的《关于妇女职业的

云裳公司新装展览

谈话》，大体可定于是年稍早一点。文章说甘金荣女士邀他去参观云裳公司，说“我接办云裳之初，有三个动机”等等，邀人参观，介绍动机，显示接手不久，不然毋须费此唇舌也。但是，甘金荣接下来的话，则预示了云裳的必然式微。这谭夫人竟然说，社会经济衰落，“最大原因，也许是为了洋货倾销，利权外溢，所以提倡国货，不容再缓”，因此她要充“好汉”，“改良妇女的服装，改用国货的材料，转移妇女界崇尚洋货的错念”——当时的国货产品，够得了时尚的格？她说“云裳是文艺界诸位先生费了几许心血的产物，如由它无人负责，而职其自然演化，结果是辜负了许多人的愿望，我便决心把它中兴起来”，显然只能更加辜负人们的愿望，由式微更趋没落。这段话也从侧面证明，唐瑛乃至其他风流人物，早已不管或不怎么管“云裳”了。

云裳是先锋派，鸿翔是实力派

1927年，唐瑛、陆小曼等的云裳公司初开时，因为与其事者、捧其场者皆文学、艺术、交际界的名流，可谓声势煊赫，报章也直言从此有了新式女装，视其为女子时装公司的开山。其实，早在十年前（1917年），鸿翔时装公司就已在与云裳公司同一条路——静安寺路863号诞生了，那才是沪上第一家女子时装店。不过鸿翔走的是手艺人的路子，即做裁缝做成老板。创始人金鸿翔13岁就到上海苏广成衣铺当学徒，后改学西式裁缝，其间还远赴海参崴在其舅父的西式服装店帮忙，几经历练，专注西式女装，最终成功开店。这样两相对比，套用文艺界的术语，云裳可谓是先锋派，鸿翔则是实力派；先锋易消歇，实力成大器。云裳后来转手易人，金鸿翔却在1927年荣膺上海时装业同业公会理事长。此后，上海滩的西式女装，就是鸿翔的天下了。

正在此时，上海已是国民政府的天下。一桩“天作之合”的佳话诞生。1927年12月1日，蒋介石宋美龄在上海大婚，鸿翔公司为新娘宋美龄乃至全场重要嘉宾提供了全套礼服。这在服饰界实在是了不起的事件，也可谓鸿翔历史上最辉煌的篇章。当时报章有明确载记，《申报》1927年12月18日翘贺的《鸿翔公司参观记》就记录了老板金鸿翔对记者的亲口告白：“最近轰动一时之蒋总司令婚礼其新夫人宋美龄女士所着之婚礼宴服等，均为敝所承制。至驻沪各国领事及其眷属暨商界同人等服装亦皆本公司所制者。”奇怪的是现今介绍鸿翔公司历史事迹的文章，却略过这一节，难道是历史意识形态作祟？

宋美龄之所以选中鸿翔，其实也是渊源有自；彼时，鸿翔公司正倾力“讨好”西人或“西奴”。如金鸿翔对记者翘贺提供的主要受访材料，即英文的《大陆报》《字林西报》及《泰晤士报》之图画增刊关于1927年11月30日大华饭店及市政厅时装舞会评选结果的报道，某洋小姐所着鸿翔女装荣膺第一，而且是连续三年夺魁了！其夺魁的意义还在于为民族品牌争了光。当时沪上百余家西装店，大多数为西人开设，华人开办者寥寥无几，而后起的鸿翔竟然赢得了旅沪外国人的青睐，“宁舍其国人所设之店肆，而唯鸿翔是趋”（坊间所谓1930年大华饭店的时装表演是中国第一次时装表演，殆此之谓欤？显然算不上），这也是鸿翔最为自豪的：“即此以观，敝公司服装之为西夫所激赏，益彰彰明矣。”宋美龄本黄皮白心，归宁老蒋的条件也是老蒋皈依西方的上帝，因此，在上海选择礼服供应商，自然非黄皮白心的鸿翔公司莫属了。

与宋美龄的结缘，着实让鸿翔火了起来。稍后的1927年12月20日，鸿翔便获得资格参加在卡尔登饭店举行的向无华商参与的时装晚会。而鸿翔的声明也变得很有政治意味：参加的目的，乃为“发展吾国女界方面之营业计”。稍后，政商及演艺各界名流便纷纷光顾鸿翔，演绎出许多服饰史上的佳话，如天皇巨星胡蝶的婚礼服“百蝶裙”，再如为宋庆龄手工精制的中西合璧礼服，还赢得了宋庆龄“推陈出新、妙手天成，国货精华、经济干城”亲笔题赠；而这中西合璧，对于一向标榜竞出西人之上的鸿翔，也隐含了一种政治策略。而最具政治策略之举当属在国货运动中的带头表态，并赢得了蔡元培“国货津梁”的题匾。

一朝政治，十年政治。政治充分成就了鸿翔，也在某种程度上约束了鸿翔。据说1947年英国女王伊丽莎白二世大婚前夕，也曾有兴趣邀请鸿翔定制一套婚礼服。鸿翔奉献的，乃是一套大红缎料中华披风一袭，不复强在西式礼服上做文章了。

重审云裳公案

在民国服饰史上，1927年8月7日云裳公司的成立，是很精彩的一笔，因与其事者，多为文艺界和交际界的顶级名流，如大诗人徐志摩，鸳鸯蝴蝶派大家周瘦鹃、严独鹤，雕塑大师江小鹣等，主事者唐瑛、陆小曼更是有“南唐北陆”之称的一代名媛，因而深深镌入民国记忆。可是，偏偏有人不长记性，在稍后不久，即在各自的回忆中，就云裳主事者是唐瑛、陆小曼还是张幼仪，打起了笔仗；而且都是大人物，都是说一不二的口气，又都事实与理据不足，让人莫之所从，因此便演成了公案。

一、云裳公司的台湾记忆

云裳公司是当时上海最负盛名的交际花，有着“南唐”之称的唐瑛的杰作，向无异议，至少在大陆未曾闹出什么异议来。可是，到了台湾，却众说纷纭。1958年，磊庵在《联合报》副刊撰文谈陆小曼事，言及云裳公司，说陆小曼“曾与唐瑛等在上海合资开过云裳公司，花样翻新，大多出自小曼的设计”。大家梁实秋对此说甚不以为然，在《谈徐志摩》一文中说：“云裳公司根本与陆小曼无关，那是志摩的前夫人张幼仪女士创设主持的。”就这么简单一句，似难以服人，故作者宕开一笔说：“我无意于此考证此文之疵缪，所以不必多赘。”大约因为“此文作者磊庵先生不知是谁”，是个无名小卒吧，不值得多饶嘴舌吧；不过却与前述的“文中所记大致不错，也有些琐节不大正确”的语气有些不同。从文章学的角度来说，一章之内，语气互乖，也可谓“言不由衷”了。只是当年云裳周围的人，去到台湾的甚少，兼之梁的声名地位，好长时间里竟无异议；两岸隔绝，大陆必有异议者，却无从异议。

直到1967年，容天圻先生因在陆小曼堂弟陆孝冰的遗物中，发现云裳公司的相关照片，兼有陆孝冰夫人的亲口说辞，遂在台湾《传记文学》1967年1月第10卷第1期刊发《陆小曼与云裳服装公司》一文，正式反驳梁实秋，声援磊庵；作者挑战权威的底气还在于，如其在文章中所言，“磊庵是陆孝冰先生生前好友，他所写陆小曼与徐志摩的资料全都是由陆先生提供的”。随文刊登的一张照片，“据陆夫人告诉我这张照片是陆小曼与唐瑛等人合办云裳服装公司时一个童装表演的镜头，照片的中央站着一个小女孩，是宋春舫的女儿，其他合照的则为唐瑛、江小鹣、陆小曼，还有一位可能是张禹九，现在已记不清楚了”。作者借由对这张照片中人物的介绍入手，以图证史，确立云裳的关系图谱：

> 徐志摩与陆小曼是在民国十五年结婚的，那年冬天他们即相偕到上海，起初是住在宋春舫家中，直到十六年春天，他们才迁到法租界环龙路花园别墅居住。这时唐瑛、江小鹣、张禹九等人正组织云裳服装公司，小曼正好加入，便与唐瑛成为公司的台柱，照片左边侧立着穿花洋装的便是唐瑛，她是名医威廉唐的女儿，兄腴庐，当过宋子文的亲身秘书。她与小曼是老搭档，不管跳舞，唱戏，吃喝玩乐等交际场合总有她们二人的影子。唐瑛旁边立着一个留着小胡子的男士，那是江小鹣，小鹣是艺术家，廿四岁便留起山羊胡子，十足名士派，他是前清湖南学政江建霞的儿子，早年留学日本，学的是雕刻，后来又去法国留学，回国后任教上海美专，据说云裳公司的服装设计多数是他出的花样。小女孩右边立着一位留短发，穿旗袍的女士则是陆小曼。拍摄的时间当是民国十六年春间，她与志摩初到上海时，算起来当是四十年前的旧物了。

这里面哪有张幼仪的影子？而当时的《上海画报》1927年8月12日刊发的成言、行云《杨贵妃来沪记》，配发了梅生拍摄的一张照片，倒是突出了陆小曼的地位——照片右侧写上“云裳公司发起人徐志摩陆小曼伉俪合影”。所以作者说：“我以为梁先生这段话可能是记错了，因为他本人与徐志摩虽然相当熟识，但他承认与志摩并无深交，他自己说：‘近年来常有人向我谈起徐志摩，多半是打听他的生活故事，很少触及他的文学作品。我所知道的有关志摩的事迹并不多，常常不能餍朋友们的期望。’所以他所记的，可能不如陆先生所记的正确。”为了增强说服力，作者又引了后出的陈定山的《春申旧闻》关于云裳公司的记述：“徐志摩偕陆小曼南下时，江小鹣、张禹九、唐瑛正组织云裳时装公司于同孚路口。为上海时装公司的第一家。小鹣、禹九皆美丰仪，善于体贴女儿家心里，故云裳时装的设计，亦独出心裁，合中西而为一。唐瑛、小曼为云裳台柱。二人的美，可以玫瑰和幽兰来做比方。玫瑰热情，幽兰清雅，热情的接近学生界，清雅的接近闺门派，以此云裳生意鼎盛，而效颦者踵起。唐、陆不久倦勤，并刀铏尺间，不复见二人裁量倩影，而南北交际花之名

徐志摩与陆小曼合影，《上海画报》1927年8月12日

乃大噪于时。”

作者也还体贴梁氏的人情，为梁的记忆之误做了合理的推测：“究竟是她们二人厌倦后由张幼仪接办了，或是张幼仪自己也有一家服装公司虽不得而知，但云裳公司为唐瑛与小曼合资创办的则是不争的事实。”因为梁在他处还说过曾去云裳做过一件衣服：“（张幼仪）是极有风度的一位少妇，朴实而干练，给人极好印象。她在上海静安寺路开设云裳公司，这是中国第一个新式时装公司，好像江小鹣先生在那里帮着设计，营业状况盛极一时，我带着季淑在那里做过一件大衣。”

慑于梁氏的声名，杂志社在发表前，交其过目，并将复函加编者按，以《关于张幼仪与云裳公司》为题一并发表：

编辑先生：

张二小姐（幼仪）与徐志摩仳离后，因为寂寞，所以才开云裳公司。张住海格路范园，志摩常去，但陆小曼则与张家从不往还。云裳开幕不久，我就偕内人前去订制外衣一件，张小姐引我们参观她的公司，规模虽不大，却颇具匠心。江小鹣是负责策划的一个人。张禹九（八爷）常去走走，却不是负责人。禹九的一位哥哥（记不得是老五还是老七）是颇擅服装衣饰的一个奇人，好像是参加公司的一些业务。

我与志摩无深交，但与禹九及张家好几位颇为熟识。

知道云裳的人，在台湾还有。

我的记忆没有错。

梁实秋

一九六六年十一月

梁实秋一句“知道云裳的人，在台湾还有”，加上编者“希望确知上海云裳服装公司的人，能够有所补充”，很快就“召唤”出当年新月派的同盟刘英士在第2期发表《谈云裳公司及其人事背景》。编者似乎很满意，因为云裳的事，“事隔三十多年，以讹传讹者多，而亲眼目睹者少。并承刘英士先生惠赐大作，以亲见亲历撰写本文，道出徐志摩前妻张幼仪女士与创办云裳公司的经过，实为不可多得的第一手资料”，只是刘英士说得比梁还绝对：

> 云裳公司自始自终可以说是张二小姐一人的事业；其他一群朋友只是借此机会来表现一番（如江小鹣），或帮忙助兴（如张三小姐和老七老八），或出风头（如若干交际花）。张二小姐是发起人，经理人，日常看守店面，至于他人则初创时兴致很高，大家经常光临，后来逐渐稀少。而二小姐本人则亦因为接受了南京路上中国女子商业银行董事会的一再邀请，转去担任总经理之职，于是云裳公司就关门大吉。

而且说云裳之起，在于张家有一个固定的好裁缝阿梅，“他们有意发挥这一裁缝的天才，想用他来改变国人爱穿制服（不论高矮肥瘦，大家穿得一样）的习惯，使知穿衣应该适合各人的身份，配合各人的身段”。因此，“云裳公司的主持人是张幼仪，而其台柱则为阿梅”。至于主持人张幼仪之所以在云裳传说中未有多少声息，一是因为云裳公司是一个小店，并不需要多少资本；而其所以不做老板而当经理，乃是为了招揽股东，“使许多有能力帮助设计，或有声望号召顾客，或有资格做模特儿的交际花等都可以把此店视为己有，格外热心支持”。

然而，对于云裳传说中唐、陆的地位就这么容易被否定？对于容天圻提供的照片中，不见张幼仪身影的事实，以一句张不愿做老板就能敷衍？刘英士一方面觉得梁实秋说得太过了，明说不敢苟同张幼仪是“因为寂寞，所以才开云裳公司”，也不敢大胆支持梁实秋关于陆小曼与云裳公司“根本无关”的说法，更明确否定梁实秋“陆小曼与张家从不往还”一语。说着说着似乎自己也心虚了。所以写到后面有点气急败坏起来，大爆粗口，完全没有了老新月派人应有的文章气度：

> 幸亏志摩先后只讨两位夫人，距今不过三十余年，当事

人之一尚属健在，立言君子即已张冠李戴，纠缠不清，胡说八道且占三比一之绝对优势；如果后世考据家根据民主原则，取决于多数，梁说就在应予摒弃之列。我真羡慕陆小曼福气真好，别的美人迷昏了志摩，而她坐享其成；道听途说者乱写文章，又将使她夺得云裳。她有资格拍胸脯说："我的天下得之于李闯，而非取之于大明。"

文坛上的李闯，何其多也。

毕竟，梁、刘都只是一家之言，都只是回忆兼想象，都有点自欺欺人的强词夺理。知道云裳的人，台湾没有多少了，大陆却不少；云裳的史料，台湾没有多少，大陆却俯拾皆是。在美国的张家后人张邦梅写《小脚与西服——张幼仪与徐志摩的家变》，竟也完全沿袭梁、刘之说，真是数典忘祖了；以至于博学多识的朱正先生，在新近发表的《鲁迅书信中的服装公司》（《南方都市报》2012年6月17日），摘录了梁、刘的相关文字，作为鲁迅1927年11月18日写给翟永坤的信中说的一段话〔"听说《语丝》在北京被禁止了，北新（书局）被封门。正人君子们在此却都很得意，他们除开了新月书店外，还开了一个衣服店，叫'云裳'，'云想衣裳花想容'，自然是专供给小姐太太们的。张竞生则开了一所'美的书店'，有两个'美的'女店员站在里面，其门入市也。"〕的补充材料，而完全忽略容天圻之言，真是有点应了"文坛上的李闯，何其多也"。而且，他们为了抬高张幼仪，极力贬低唐瑛和陆小曼，恐怕连张幼仪都消受不起。

二、云裳公司的大陆渊源

待到两岸音讯开通，云裳周围的人，在大陆也差不多没有了，但他们关于云裳的文字还在，特别是一些年齿辈分、与事程度均高过梁、刘的人的文字，也还可以发掘得出来；《传记文学》编者将刘英士的回忆，视为"不可多得的第一手资料"，也就显得隘陋无知了。比如说周瘦鹃就是。周氏无论年齿（1895年生）、地位（鸳鸯蝴蝶派代表人物）均在梁实秋之上。梁氏于1903年生，其时出道未几，虽与徐志摩等主办《新月》，至少称不上旗手与主将；新月派较之鸳鸯蝴蝶派已属后起，也绝没有后者曾经统领天下的气概。而其刊于《申报》1927年8月10日的《云想衣裳记》，应该可以说是一文打倒众“李闯”：

> 静安寺路爱巷Love Lane之口，有小肆临衢，晶窗内金阑灿然，作流云卷舒状，美乃无匹。檐牙之上，一市招亦金色，幕以零统断素缀合之织，斑斓如百衲衣。双星渡河之后三日午后五时许，门前陈方案，一小郎立其上，周绕绛葩，环列玻盏，斟旨酒满之，有靓妆士女擎盏于手，相与致祝。小女郎展其苹果之靥，引手制彩绳，百衲之织应手落，市招上有两字涌现，则赫然云裳也。此特别之开幕典礼成，于是乎云裳公司遂与海上士女相见矣。
>
> 云裳公司者，一专制妇女新装束之新式衣肆也。创办者为名媛唐瑛、陆小曼二女士与徐志摩、宋春舫、江小鹣、张宇九、张景秋诸君子，而予与老友钱须弥、严独鹤、陈小蝶、蒋保厘、郑耀南、张珍侯诸子，亦附股作小股东焉。筹备三月，始告就绪，涓吉于七月十日开幕。先期遍发香柬，邀请名流闺彦临观。届日，骏奔麇集者凡五百余人，署名于册者，续续如长流之水，亦云盛矣。（黄子梅先生在场担任摄影）
>
> 任总招待者为唐瑛、陆小曼二女士，交际社会中之南斗星北斗星也。……开幕之日，为优待顾客计，概照定价九五折，名媛如谭雅声夫人、张星海夫人、陈善浩夫人、丁慕琴夫人，明星如殷明珠女士等，皆已选样定制，他日衣成，吾人可于珈馆歌场间，在在见云裳新妆矣。招待参观，期订三日。第一日为文艺界与名流闺媛。第二日为电影界明星。第三日为花界诸姊妹。一时上海裙屐，几尽集于云裳公司之门，诚盛事也。

列位看清了，周瘦鹃相对梁、刘，既是文坛前辈，也是大佬；从亲历角度而言，那更要亲历得多——是股东！其白纸黑字说唐瑛、陆小曼是创办者，谁敢说不是？而十数人入股，名流仕女五百余人出席的开幕典礼，也不是刘氏所说的小店的架势。而在这么重要的场合，被梁、刘称为“总经理”的张幼仪，怎么能不见踪影？

如果说陆小曼如梁、刘所说的交际花般地玩玩，唐瑛可不是。转年，她还在附近另开一家时尚店来着。而且时人对其能力也充分认可：

> 唐瑛女士自嫁李君祖法，爱好甚笃。女士性聪慧，不亚须眉。鉴于其夫之有为，亦颇有志于自立，故去岁云裳公司，女士亦为创办人之一。今者又约宣君、厉君组织一化装店，名之曰巴黎店，西名VOGUEO，地址在静安寺路西摩路口，如粉镜、粉盒、烟盘、烟夹、皮包、洋人珠圈翠戒以及一切化妆品，无不应有尽有。虽泰运自巴黎，而间亦有女士手制，皆精妙无比。闻取价极廉，非若市侩之故昂其值也。女士语余曰，所售钟表，皆巴黎产，种类最多，亦最时式。余知此店一开，海上士女，风气必当一变。姊妹出游，或将相告曰：“到巴黎店去。”（吉孚《巴黎店》，《申报》1928年5月23日）

因此，五年之后，李寓一总结此一时期新装发展的文章《新装五年之一回顾》（《申报》1931年1月11日）说到云裳公司，更加突出唐瑛、陆小曼的地位，说“江小鹣、张辰伯诸子，均舍身其中”，乃是“承欢裙下”，“云裳公司，以是而彰著”。

当然，像陆小曼这种人，或不会像唐瑛那样管多少具体事的，唐瑛则一直在努力地经营着云裳，即使在她新开了巴黎店以后；当时的报章关于云裳公司的文字中，也只有唐瑛而小曼不再。比如1927年8月间的上海女界慰劳北伐前线兵士的游艺大会，压轴的“最时髦的‘时装表演’”，正是由唐瑛领衔出演，一登场即大撒云裳的广告卡片，随从模特也“把各人手中的卡片好像雪花一样的向台前飞着，大做云裳公司的免费广告”。尽管做得有些过分，观众还是欣然接受，因为一方面八位模特“都是穿了极美丽极奇突的服装，看得我（记者）眼花缭乱”，另一方面时髦与商业在现代社会里，原本如同孪生姊妹。（金华亭《关于中央剧艺的几句话》，《申报》1927年8月8日）再从云裳在媒体上大打广告看（“空前之美术服装公司”“采取世界最流行的装束，参照中国人衣着习惯；材料尽量采用国货，以外货为辅；定价力求低廉，以期普及”“要穿最漂亮的衣服，到云裳去；要配最有意识的衣服，到云裳去；要想最精美的打扮，到云裳去；要个性最分明的式样，到云裳去”）云裳是有发展的，规模绝不会如梁实秋、刘英士所说，仅靠一个裁缝阿梅就能搞掂的一个小店。

再者，云裳的设计制作，也实实在在打着唐瑛的烙印。比如说当时最新式的披肩，“类古钟形，表演时以手抱裹之，令腰部紧凑，则似印妇之裹巾而行，亦略能示体格之美。然试垂手而立，则又如卫生部之大蝇模型，殊不雅观也。独有唐瑛女士者，短裳及膝，狭袖齐肘，不似一般，而号为最新”。（李寓一《新装五年之一回顾》，《申报》1931年1月11日）如此看来，云裳若离了唐瑛，真还不行。

再回过头来讲，像容天圻接过陈定山《春申旧闻》的话——唐、陆不久倦勤，并刀铟尺间，不复见二人裁量倩影，而南北交际花之名乃大噪于时——说：“究竟是她们二人厌倦后由张幼仪接办了，或是张幼仪自己也有一家服装公司虽不得而知。”倒是真有可能。因为张幼仪插手云裳，实合乎逻辑的：她既与徐志摩做不成夫妻却还是朋友，也是孩子他妈，禹九也是她哥，因此算得上两大股东的代表，在唐、陆渐倦，接手经营，合乎情理。但是，在陆小曼尚在前台的时候，像梁实秋讲就是张幼仪在操持了，那就等于坊间传闻陆小曼再婚时前夫王赓做徐志摩的伴郎一般扯。

不过，进一步的证据也表明，即便张幼仪有接手，也没有起到多大的作用。一重证据是，张幼仪并非像梁实秋所言的寂寞无聊，据张邦梅的《小脚与西服》讲，是一直在找事做：“开始四处谋教职，后来在东吴大学教了一学期德文；正考虑教第二学期的时候，有几个上

张幼仪与徐志摩

海女子商业储蓄银行的女士跑来与我接洽……”看吧，在德文教师和银行经理之间，并没有什么云裳经理的经历。而且银行找她去，也不是看中她的经营能力，而是因为他的四哥为了践行向妈妈承诺的要照顾她的责任而要她来的，她也直言不讳：“他们说希望我到他们银行做事，因为我人头熟，又可以运用四哥的影响力守住银行的钱——四哥是中国银行总经理，又参与创办了《银行周报》这份讨论中国问题与经济问题的刊物。她们不得不讲明，找我进银行主要是看我的关系，而不是能力。”当然后面也讲到了张幼仪经管云裳公司之事，但很令人怀疑是否受了《传记文学》的影响。因为从《申报》1932年11月14日寄萍的《关于妇女职业的谈话》中，接手云裳公司的谭雅声夫人甘金荣女士说：“云裳是文艺界诸位先生费了几许心血的产物，如由它无人负责，而职其自然演化，结果是辜负了许多人的愿望，我便决心把它中兴起来，”这段话也从侧面说明了两点：一是唐瑛乃至其他风流人物，早已不管或不怎么管云裳了；二是张幼仪根本没有管或者管了也没有好生打理过，至少也直接否定了刘英士的说法：“因为接受了南京路上中国女子商业银行董事会的一再邀请，转去担任总经理之职，于是云裳公司就关门大吉。”因为张邦梅的记述是做银行总经理之余过去看看云裳而已；前后关系，彼此颠倒。

总而言之，不管张幼仪有无参与云裳的管理，至少没有产生多大社会影响，因为到民国晚期，像《申报》1946年10月7日第6版特稿《上海妇女服装沧桑史》，谈到云裳，还是认为无关张幼仪事："最初为上海仕女设计打样缝制的，要称云裳公司，创办人均为海上名流，像交际花唐瑛，名律师江一平，艺术家江小鹣皆是。由唐女士在外宣传，江则设计打样。可是不久转让给他人了，现今当然要推鸿翔公司为巨擘。"

可以说，所有关于张幼仪主持云裳公司的记载，均出自台湾《传记文学》发表相关文章之后。笔者深感奇怪的是，当诸位大佬在《传记文学》打笔仗时，无论唐瑛、陆小曼还是张幼仪都尚在人世，为何不问问她们这两位当事人？为何她们俩均任由别人当枪使而不发一声？或者在她们看来，文人无行，虽大腕亦不免，不值得置喙乎？

中国第一次时装表演

时装表演现在是时尚界不可或缺的主角之一，像巴黎、米兰、纽约、伦敦四大时装周，更引无数明星竞折腰；不少名模也常常引得政商名流竞折腰，而所谓的嫩模、外围女，则常常引得围观者笑折了腰——尤其是在当下的中国。在当下的民国热中，也有人企图追溯中国时装表演的历史，首先就是要确立第一次时装表演的时间及相关情形。可就在这一关键节点上，出了不少问题。或许因为民国服装的历史，本身就是一笔糊涂账；如果我们再说，真正的中国第一次时装表演，从目的到方式，与西方传统的服装表演大异其趣，则更应睁大了眼，宝之重之。

关于何者为“民国第一次时装表演”，坊间有好几种说法。一说是，1931年6月鸿翔时装公司在上海大华饭店举办的国货时装表演，“这可以说是中国的首届时装表演”。还强调说：“此次的时装表演，在我国的服装史上具有划时代的意义。” 另一说是，“中国最早的时装表演算起来可能是著名画家叶浅予先生组织的。当时，他在‘云裳’时装公司任时装设计师，一家英国纺织印花布洋行找到他，要他为他们办一次时装展览，后来叶浅予在南京路一家著名的外商惠罗百货公司楼上办起了上海第一次时装展览会”。还有一说是，“1930年中国的首场时装表演大会在上海先施公司二楼举行……”这三种说法，都出自所谓的学术论文，却毫无学术论文的严谨性，因为没有论证，都是作者在直接下结论，十分怪异。其中第二种说法，尤为不靠谱——叶浅予何曾参与过云裳的事务？当然还有其他“言之凿凿”的说法，更不值得缕述。但所述都发生在上海滩上，倒可以视为定论。

一

其实真正有文献可证的第一次时装表演，并不难确定。早在1926年11月22日，当天《申报》第11版的一篇《联青社筹办大规模游艺会》报道已明确说到了时装表演：由社员眷属及闺秀名媛担任之，新式服装，旧时衣裳，自春徂冬，四季咸备，新奇别致，饶有兴趣，为沪上破天荒之表演。这“破天荒”，表明这就是真正的第一次了。时代既如此之早，还有比这更早的可能性不大；如果此前还有的话，《申报》这样的大报当不至于大言欺世。然而，既是时装表演，演的又有“旧时衣裳”，这种混乱也反映了初起时的不成熟状况。

由于是“破天荒”的第一次，引发了媒体的极大关注和持续跟进：“兹闻定于十二月十六号、二七号两天，假座夏令配克影戏院举行游艺节目，有短剧、音乐及时装表演等。时装表演之目的，乃引起一般人士对于服装式样之兴趣，加以研究，任意抉择，以增进美术观念焉。盖寓艺术于游戏也。”这纯粹出于艺术追求的表演目的以及“寓艺术于游戏”的表演方式，也很不同于当时西方已趋成熟的商业运作，很具有中国特色。我们再看其主事者的身份及其理念，更可说明这一点。“定其事者为干夫人，唐绍仪先生之女公子也。”然而，虎父无犬女却无可置疑；第一批留美幼童出身、北洋政府第一任总理的千金，见识和行事，果然能与国际接轨，且深具中国特色，“干夫人对于时装表演曾发表其意见，兹介绍于后，以飨阅者：‘时装表演，非虚荣心之表现也，亦非鼓励奢靡也，盖服装与吾人之关系至密至切，而欲其适合各人之体裁，不悖于美之真义，则服装式款，与夫颜色之配合，气候之转换，必有相当研究方克能之。而欲吾人乐愿研究之，则对于服装之兴趣，必先有以引起之，此时装表演之由来也。质言之，时装表演之目的有二，一为寓美术教育于游戏。又其一，则为表现服装料作之如何可以充分利用。世有华丽绝伦之绸缎，及制成

《服饰表演》，《文华艺术月刊》1931年第15期

服装，不仅减损美观，且予人以笑柄者矣。此固事实，非予之妄言也。然则服装之研究又乌可缓。’”

而为了促进这种研究，“乃以我国古时历代装束，趁此机会一一表现于吾人眼帘，温故知新，窃愿群众对于服装颜色选择及配合之研究兴趣，亦因兹借镜而引起也”；这时装表演，变成了服装表演，似乎更具中国特色，但也更切于其“美术研究”之目的：“观于东西各国服装之变换，互相模仿，彼此效尤，可知女界人士于新奇服装之需要实至殷亟，苟欲满足此种需要，则惟赖兹创作性之时装美术耳。”这种观点，即使在今日，仍然堪称绝论。这种以表演促进研究，改进衣着的“服本主义”，也只有当时的“干夫人”们才干得出来，大不同于西方一开始就是商业主导的时装表演，殊可宝贵！而且也得到了联青社上下的一致支持：“果尔，则本会此项表演或于服装方面不无几何贡献也。”

由于以“美术”相号召，又切于实用，社会各界自是充满期待：“游艺大会会长即该社社长李元信君，时装表演股长范文照君，筹备会场，一切布置者李迪云君，以及其余社员连日积极进行，大致业已就绪，届期举行，定必大有可观也。”（《联青社游艺会预志：最出色之一种游艺——时装表演》，《申报》1926年12月14日）而表演的效果也是深孚众望，一场演完，群情激动，欲罢不能，只能加演：“上海联青社昨晚九时在夏令配克戏园作第二次表演……”但是，时代已入民国，而且是在十里洋场的上海，最后的表演结果还是大大出离了干夫人们的初衷。一是并没有演示多少传统服装：“时装表演分游戏服、全服、跳舞服、夏服、晚礼服等十四种，除二种为纯然中国服装外，其余颇近欧化。”二是所制服装固然“皆缝制精良，式样新颖”，但商家的暗中主导，昭然若揭：“各衣原料均系永安、先施、福利、惠罗及老介福等公司所供献。”（《联青社游艺会续记》，《申报》1926年12月18日）尽管如此，各方的参与，也显示这第一次的时装表演，并非一时心血来潮所搭的草台班子，而是精心筹备的开山巨制，在民国服饰史上，理应大书一笔，却长期沉埋故纸堆，真乃学者之过。

万事开头难，头开好了，大众的“胃口”就被吊了起来，此后时装表演，也就风行一时，成了各种晚会表演的压轴：“上海女界慰劳北伐前敌兵士的游艺大会……第二夜节目除了所谓‘香山闲乐’和那最时髦的‘时装表演’以外，完全是昆曲和京剧。……京戏汾河湾演完后，台上有人报告说还有时装表演，请诸位看完再走。随后开幕第一个出台的是唐瑛女士，手中拿了一叠云裳公司的广告卡片，向观众鞠了一个躬，随后出来的一共有八位，都是穿了极美丽极奇突的服装，看得我眼花缭乱。”只是最时髦也往往是最商业：“结果伊们把各人手中的卡片好像雪花一样的向台前飞着，大做云裳公司的免费广告。不过这些卡片上有些香气，似乎亦化了一点小本钱了。”（金华亭《关于中央剧艺的几句话》，《申报》1927年8月8日）而云裳公司高自标榜为“空前之美术服装公司”，也是沿着联青社的路子而来：“创式绘图和监制者多是一班于美术深有研究的人，他们凭着长期的研究所得再依着美术的原理自能创造出种种新式的装束”（张碧梧《打破连环套》，《紫罗兰》1926年第2卷第1期）——主持设计事宜的，乃画坛宗匠、雕塑大师江小鹣——则在“美术”道路上，有跨越式进展了。但是，云裳旋即消歇，也表明在日趋商业的时代，这种“美术”化的路子，无异于孤芳自赏；时装表演的正轨——无论好或者不好——乃是商业的而非美术的。

二

商业的推动，是艺术的追求所无法比拟的。到1934年，鸿翔公司在大华饭店举行时装表演时，已可投入巨资，邀请当红电影巨星阮玲玉、胡蝶等出席表演了；朋街女子服装店则开始模仿巴黎，举行春秋两季新装发布会。1936年创立的锦霓新装社，更是把时装表演当作日常促销手段，每天下午在国际饭店三楼举行时装表演，以广招徕。而在这越来越勃兴的时装表演中，我们也越来越见不着艺术家们的身影，当然也不再见有表演以“美术”相号召了。

但是，“时装表演”这一时髦的玩意儿，在“风靡”他处时，却打了个愣儿；在民国时期，除了十里洋场的上海，别的城市，可没那么市场化；别的城市的观众，虽好奇于这种表演的形式，却并未完全接受所谓的时装表演，而是希望看到如唐绍仪女公子提出的“我国古时历代装束，趁此机会一一表现于吾人眼帘，温故知新……因兹借

右／胡蝶（摄于20世纪30年代）

左／1927年刚出道时的阮玲玉

镜”；换句话，像北京这样的文化中心，还会视上海经济中心的这种时装表演是没有文化的表现呢。所以，上海的第一次时装表演之后不久，1928年1月11日北京便举行了甚有文化的“古今妇女服装表演大会”相颉颃。这才展现了中国特色。自古以来，中国任何求新出奇，皆循“以复古为革新”之途，所谓“如将不尽，与古为新”；这种表演，在外人看来，才是真真正正的时装表演——你上海所谓的时装，时得过我欧美吗？所以，“中外人士往参观者甚众，外宾尤盛；此种集会，出之中国妇女界，诚为创举，故极为外人所注意”。（《北洋

画报》1928年第157期）

北京的成功，刺激了上海——我上海的洋大人比你北京还多着呢！所以，1930年，上海也在一次活动中夹杂着举办了一场古今服装表演——“上海妇女会游艺会中之服装表演”，并且“后来居上”地自诩为“自明代以来迄近止今最为精彩节目之一”。（《申报·图画周刊》1930年第21期）单就此看来，中国的时装表演，渐渐地走出了中国特色，何其美哉！但是，时光毕竟进入了20世纪30年代，那可是中国民族资本主义的黄金年代，资本的力量要求的可是真真正正的时装的表演，而且，传统服装展演，实非历史浅近的上海之长，所以，

北平婦女

歷代服裝表演

《北平妇女历代服装表演》，《艺文画报》1947年第7期

那“最精彩的节目”，也只好成为昙花一现的绝唱。

经过这一番曲折之后，因缘际会，中国第一场商业运作的真真正正的专场时装表演，1930年3月底起在上海先施公司隆重登场，且历时八天。从其在上海《民国日报》刊登的广告看，也真是厂商云集，精彩纷呈：“英国名厂Wemco所出之Tricochene绸，花样新奇，颜色鲜艳，适合春夏衣料之用……该厂特派专员来公司为新装设计，现制就各款新装多种，均属独出心裁……延请中西名媛登台表演，服饰之美丽，设色之夺目，姿态之曼妙，举止之大方，无不表现入微，令人发生无限美感。”（《时装表演大会》，上海《民国日报》1930年3月26日）而且从此之后，上海款的时装表演，将彻底压制北方款的服装表演：“上海时装大会之后，北平天津皆有时装大会之呼声……北平女青年会主办之时装表演会，于（1930年11月）十八日在协和礼堂表演……有请标准美人徐来女士，北大女王马珏女士参加……”但是，一开场，还是走了样：“此次表演，实不能谓为时装表演，盖所表演者，乃时代服装之区分，计分明、清、民初、现代四种，材料且不限国货，与上海者大大不同矣。”看来，帝国的中心，传统的包袱太重了，说得好听点，就是传统底蕴太深厚了。而不应忽略的是，这场表演，一开始就似乎上错了弦：“此次表演之服饰，多半系假自梅兰芳者。于如何穿着之法，闻即梅兰芳且曾加以指导云。”（《记北平之时装表演》，《北洋画报》1930年第555期）京戏是国粹，如果请个唱歌剧的来指导，恐怕情形就大不同了。

看来，在中国，除了上海，时尚也真不是件容易的事，尤其是国民党专政以后，还不免面临反攻清算，时装表演当然同罹其罪。譬如，先施公司的那场时装表演大会，不久即被以宣扬洋货为由，大遭挞伐：“大公司的大老板不过为了恐怕闺阁千金们不知道有这一批外国新货可以购买，所以费尽心思才开了这样一个大会罢了。登台的中国名媛，不过为了恐怕姐妹们不知道外国货，所以特地参加在这时装大会里。牺牲了色相，登台在观众面前入微地表演着曼妙的姿态。啊！伟大的牺牲，伟大的壮举，值得赞美，值得佩服。”（蛸时《时装表演大会》，《民国日报》1930年3月25日）所以，除了上海，内

徐来

地的时装表演，总是难以开展起来。尤其是1934年2月蒋介石在南昌发表《新生活运动之要义》演讲，称之为“精神方面的重大战争”，正式推开新生活运动之后，政治的力量进一步规训着时装的表演。像这年冬天，宋氏三姐妹身穿黑色旗袍、黑色皮鞋，在重庆大街上进行的政治化的新生活时装表演，自是难免如荒腔走板，不演也罢。直到数十年后的1981年2月，仍然是在上海，由上海时装公司在上海友谊电影院举行民国以后真正意义上的首场时装表演。然而，同在上海，同是第一，却让人仿如隔世。

『苏广成』的『广』

曹聚仁先生在《上海春秋》里记述了叶楚伧在《民国日报》总编辑任上的一件轶事。叶说："上海什么店的招牌最多？"自答曰："苏广成。"大家哈哈大笑，原来他是截了苏广成衣铺的前三字来说的。这哈哈大笑也表明，众皆以为然。数十年后，曹先生回忆起来，仍以为然，故又说："的确，上海成衣铺总有二千多家，成衣匠四万余人，总有二十万人靠此为生，差不多占那时上海人口的十分之一。成衣匠标出'苏式''广式'来，也可以说代表了两种最时式的样儿。"《申报》1939年2月23日不问的《服装趣语》写得也很有趣："身上穿着四两头，家里煨着火石榴。上海人考究服装，所以成衣铺，比烟纸店还要多。但是上海的成衣铺，向来不用'上海'二字来号召的，却拿'苏广'二字，作为独一无二的商标。一位初到上海朋友，到处见了'苏广成衣铺'的招牌，不禁惊奇道：'怎么？苏广成衣的营业，真发达？竟有如是多的分店？'"不过民国名记郁慕侠，对上海成衣铺之多以为然，对"苏广成"的"广式"却甚不以为然。他的《上海麟爪》中有一篇《苏广成衣铺》的文章说，成衣铺的招牌，"大都标着'某某苏广成衣铺'。苏者指苏州，广者指广东。其实苏州人讲究衣着，确为实在情形，广东人却注重'食''住'两项，衣着上并不考究。它们招牌上标有广字，不知道是何取义"。

这的确是一个大疑问，时人就已在不断追问，也有人试图做出回答，尽管无法明确其得名之时由。如《服装趣语》说："上海开埠以后，苏广两地的人，来者最多。广帮别有风格，所以另有广帮裁缝，占着地位，其他如宁绍人，也不在少数。但是衣服和苏帮差不多，所以苏帮裁缝，也占有极普遍的势力。当时只有广帮裁缝，可与苏帮分道扬镳，后来因为这种历史关系，所有上海的成衣铺，非加‘苏广’二字，就够不上号召的资格。”

这还只是表面现象。现象背后的实质支撑，是苏帮做工精细而入时，广帮时尚而多样，而且皆渊源有自。前者如徐珂《清稗类钞》说，打自清初顺治康熙时起，妇女妆饰，就以苏州为最时尚，“犹欧洲各国之巴黎也”；清代浙西籍的大文豪朱彝尊在写给妓女张伴月的词里，也表达了对苏州衣衫的激赏与偏爱：“吴歌《白纻》，吴衫白纻，只爱吴中梳裹。”广州当日时尚，尤可从其今日的情形推想。20世纪80年代初，倒爷倒衣服，哪个不是南下广州？从广州倒回去的衣服，质量虽是平平，式样却是新新。百年以前，广州服饰的地位，正复如是——所谓时尚，不过是开放引进；广州一直开放着，上海则是开埠未几，且多为移民填塞，所以初期服饰风骚，还是广州在引领着——这才是“苏广成”的“广”的本质内涵。同时，在前清时代，“遇到举行典礼的时候，穿在袄外的裙，定式非常谨严”，而这裙，“大都用广东绉纱或纱制成”，也为这“苏广成”的“广”味增加了一重物质保障。

说起粤装引领时尚的历史，比如说在辛亥前的上海，女效男装、去裙露裤等的时尚，都是妓伶在引领着，可在广州却完全市民化了。这种“前卫”，连留学归来的康圣人的女公子康同璧都无法接受，以至于1909年在香港发起了“中国复古女服会”，并在章程及序中对此大加讨伐：“中外古今之女服无不长裙翩翩者，图画器物皆可具考，从未有短衣无裙者。而吾粤人之富且文，不意女服变流奇诡至此。前数年，吾所见粤中女装，短衣及腰，袖长过手，两裤露股，且色尚缁黑，尤为朴野，良家少女尤有然者。”这种裤装，正是效法欧式男装：“彼女子也，何着欧洲之男装？岂止不文，几近服妖矣！”而到1909年前后，“即近者……几以为人皆亵服者，甚怪讶其无礼而不知通俗以为礼服也”。由此认为“粤装最为不文而劣，则无有不自惭其形秽。然则粤装之必不可存明矣”！（《中国复古女服会章程及序》，《近代中国女权运动史料》，台北传记文学社1975年）

反讽的是，这“粤装”不仅存下来，而且衣更短，裤更宽，“几身短衫裤，一双木屐，男女人们几乎可以整年穿着”，而且“袜子好像可以不必穿”。（亦英《羊城琐话》，《申报月刊》1935年第9期）而且在上海的人，初时还以身穿粤装为时尚。比如说《申报》1884年10月30日一则通讯《英界公堂琐案》说“有一宁波妇人扭一粤装之少妇至英公廨，控称少妇系伊亲生女儿，现不认我为母，是以控请讯断”，而这“少妇称并非不认母亲，实为幼时母亲将我售与粤人，现已嫁某西人为妇”。明知自己是在上海势力最大的宁波人，跟了广东人，还是乐穿广东装；嫁了西洋人，仍穿广东装。广东装之地位，可以想见。

津人张焘的《津门杂记》，更是打心底里认可粤装的时尚先锋地位，并有具体描述："原广东通商最早，得洋气之先，类多效泰西所为。又如衣襟下每作布兜，凡成衣店估衣铺所制新衣，亦莫不然。更有洋人之侍童马夫辈，率多短衫、窄裤，头戴小草帽，口衔烟卷，时辰表链挂胸前，顾影自怜，惟恐不肖。"

粤装的地位和粤人的自信，还表现在上海的粤妓，也绝不会去模仿江南女性妆饰——不系罗裙不贴钿，花巾帕首亦翩翩。寻常懒著鸦头袜，六寸肤圆比玉妍——而是以"靓妆炫服，窄袖革履，大足皆径尺，或赤而不袜，肤圆光致，每电绣花高屐，略似满妆，挽椎髻……以锦帕裹首"。（葛元煦《沪游杂记》，上海书店出版社2009年）

清末民初，天地改元，时尚竞起时，"京津仍循宽博，沪上独尚窄小，苏杭守中庸，闽与浙类，汉效津妆"，唯有广东"独树一帜，衣袖较短，裤管不束，便利于动作也。时人称京式、广式、苏杭式"。（屈半农《近数十年来中国各大都会男女装饰之异同》，《清末民初中国各大都会男女装饰论集》，香港：中山图书公司1927年）即便随着开埠日久，上海渐成时尚中心，势力几无远弗届，广州仍能独立于外。如1916年间的一篇文章就说："沪上妇女一时之风尚，恒为内地之先导，故无论杭货苏货，新花一出，必以上海为试验场，上海能销，则内地之畅销自无待言，绸缎时行之潮流，大概先沪次津继以北京，然后至汉口，而闽粤出此例外。" （宗朱《上海之绸缎业》，《申报》1916年1月5日）

『苏广成』的没落

随着上海移民的上海化，苏广成衣铺的苏味与广味，便逐渐融化为上海味——上海逐渐成为事实上的时尚中心，无论苏州抑或广州，都得放下传统的架子，俯首称臣。即在康同璧大骂家乡的广式服装的年代，也注意到广州开始学上海了："即近者，去广袖以为窄袖，窄腰，其制盖仿自上海也。"上海成为时尚的中心，苏广的手艺与式样固然帮了忙，更关键的是上海迅速取代广州成为经济尤其是对外贸易的中心，"洋绸、洋缎、洋绢大量输入，比国产绸缎便宜得多。上海妇女就以用洋货为时髦"。曹聚仁先生说"上海开风气之先，这和上海人的衣著（用洋料）是有密切的关系的"；与其说"开风气之先"，毋宁说夺广州之席而"领风气之先"。

时尚曾经成全了"苏广成"。西谚有云："好装饰者，裁缝匠之玩物也。"上海早期的时尚就是靠着苏广裁缝们"别出心裁，想出花样，前来供献考究服装的主顾。有几个被社会注目的人，穿了新花样的服装，出来兜一个风，那就你仿我效，一时蔚为风气，夸为风头之健"。论追求花样新奇，在早期，当然是妓女的当行，"所以伊们握着服装的权威"。但是到了后来，上海成为东方巴黎了，衣着的质料、品位、款式，都不是妓伶所能跟得上趟，"就有许多社交名媛，影星舞女，出而代执服装的权威，因为伊们的衣服，摹仿欧美，寓健康于袅娜，式样翻新，不落陈套，莫云日新月异之可羡，且有朝红暮绿之可分，遂成妇女服装最摩登之典型"。（不问《服装趣语》，《申报》1939年2月23日）

时尚也导致了"苏广成"的式微。因为后来的摩登时装，却不是苏广裁缝所能应付，“于是时装公司，应运而起”，这导致“苏广成衣的势力，几有一蹶不振之势”。当然，时装公司也不是人人都进得起，而上海又是“身上穿着四两头，家里煨着火石榴”，只认衣衫不认人的，所以“‘苏广’裁缝，竭力采求欧化，改换新法”，在时尚界的人看来，也还可以“苟延残喘地下去”。（不问《服装趣语》，《申报》1939年2月23日）但在老百姓眼里，“苏广成”仍然不可或缺，“据民国二十九年（1940）的估计，全上海的成衣铺计二千家，成衣匠四万人”。（《上海妇女服装沧桑史》，《申报》1946年10月7日）再则，成衣铺总数虽未见减少多少，但风头与档次，却只能屈居于时装公司的下流了。

粤人所应关心的还有一层，是苏广成的“广”味，也相应地淡下去了——广州也要学上海了。广州《民国日报》1930年1月4日凌伯元《妇女服装之经过》就说：“十四年（1925）初，则女士多转而穿上海装。上海装者，则长椭圆形元斜圆角衫，二分高领，曰豆角领，袖长仅至腕，裤则阔而且长，垂于脚面。其衣色均彩，如红绿黄等色居多，甚少素色者，惟间亦有之。行时柳腰款摆，亦别具风韵，故此风一时极盛，几触目皆是。”不仅广味淡了，连同整个“南方的‘粤装’‘港装’，也可说是上海的一支”了！（《上海妇女服装沧桑史》，《申报》1946年10月7日）

不过聊以自慰的是，苏广成衣铺没落了，苏广洗衣坊可坚挺着，“标着吕宋洗染、西法织补的多是广东帮”。（王希哲《洗衣作里》，《申报》1934年4月15日）

民国的东洋时尚

由于地缘关系以及日本的“先行一步”，中国近现代化的进程，大体是从学日本开始的；当年的政府考察团，纷纷派往日本，官私留学生，累千累万，去的也多是日本。所以，西方的制度名物，多假日本而入华，服饰时尚，亦复如是。留洋之人，是否学有所成，取到了真经，难以究论，但大抵会换上洋装，却是无疑。1903年梁启超游历北美时搜集到的三名中国女留学生的照片，一律的西式连衣裙妆扮；赴日留学生，更是如此，尤其是女生，“几乎全式东洋服饰”（陈作霖《炳烛里谈》，《金陵琐志九种》，南京出版社2008年），而且从头到脚都是，连头上的草帽，竟然都大肆从日本进口，尤其是辛亥革命后，进口量更是一下暴增40倍。（《日本帽之盛行于中国》，《协和报》1914年第4卷第24期）对于脚下穿的袜子，《新青年》1922年第7卷第6号《织袜业》说：“我们所穿的新式袜子，大家都叫他洋袜，向来都买外国货。民国初年，满街都是日本货。”

其时国中还是相对保守，虽然有租界开放风气的熏陶，以及大胆的妓女等的引导，先还只是用些洋料子，式样却一仍其旧，妇女还是“两截穿衣”；后来有了“真正的时装，谓之‘番装’，那是完全洋式服装，但只限于小孩子的衣帽，妇女们虽然偶一穿之也仅在照相馆中镜头上扮一‘番妹’，穿起来在街上走的很少。上海香港等地，或能看见，内地绝对没有”。（《上海妇女服装沧桑史》，《申报》1946年10月7日）真正接受西洋时尚，也正是因为后来留日之风大盛引致西洋风尚内传——日本人也是黄皮肤黑眼睛，他们能穿我们也能穿，所以日本服装也为一般时髦女子所醉心。这所谓的日本服装，当然不是传统的日本和服，而是效法西洋时尚新装："当时流行的衣衫是既窄且长，裙上也无绣文，其色尚玄，配上手表，椭圆的小蓝色眼镜，加以皮包和绢伞，是最时髦不过的。"关键这是由留日学生介绍而来，表示她是一个具有"文明"思想的女子。（《上海妇女服装沧桑史》，《申报》1946年10月7日）

这种"文明"的装束，在年轻妇女尤其是女学生当中，备受欢迎，逐渐定型为狭窄修长的高领衣衫，与黑色长裙相配，袄裙均不施绣文，不穿耳裹足，不戴首饰，不涂脂抹粉的文明新装。由于女子学堂原本为西化产物，"其着装自然最为'文明'"，在那种以"文明"为时尚的独特年代，引得众皆效仿，影响时尚十余年。不过潮流之中也有暗礁，也有人对东洋时尚的女学生装束施以讥嘲。如针对其东洋发式，并在发髻上戴蝴蝶花，嘲讽说："当头新髻巧堆鸦，一扫从前珠翠奢。五色迷离飘缎蝶，真成民国自由花。"再如，针对女学生好围围巾调侃道："两肩一幅白绫拖，体态何人像最多。摇曳风前来缓缓，太真返自马嵬坡。"（谷夫《咏沪上女界新装束四记》，《申报》1912年3月30日）

如果我们进一步说，中山装的雏形原本于学生装，学生装脱胎于日本海军装，其实也算是东洋时尚的学生装，哪见过有人敢于嘲弄讥讽？所以，陈作霖说，晚近以来，中国大地上也渐渐兴起一股崇洋风，从洋油、洋车、洋楼，到洋布、洋绉、洋帽、洋装，一时成了时髦的东西，"大江南北，莫不以洋为尚"，更准确地说，乃是以东洋为尚。

太太时装与太太时代

民国以前，除了戏子与娼妓，女子无由抛头露面，服饰时尚便任由妓伶掌了大权。后来有了女学生，固是小清新，服饰上在早期却也只能与妓伶互相效仿；当局禁止效仿，时人口诛笔伐，实在没有走“群众路线”。问题是，女学生要长大嫁人，有妓伶要从良为妻为姨，身份转型，服饰怎么转？这就出现了太太时装或曰时装的太太时代。在这个时代，虽有明星舞女擅场，但并不能影响太太们服饰的自成风尚。如程乃珊在《上海百年旗袍》中记述她母亲回忆当年着装时尚，就存在三派，其中的公馆太太派，就自觉与明星派保持距离——不像明星派那样追求奇，而是注重品位；当然泛意义上的非公馆级的太太们又当别论。民国政府的教育成就，也为太太时代的来临奠定了坚实的基础。到20世纪20年代末，经过近20年的努力，新式学堂已培养出小学程度的女子130余万人，占全国人口总数达到0.4%，比民初增加了10倍；中学程度的女子也达近6万人，女大学毕业生也有了好几千人。（程谪凡《中国现代女子教育史》，中华书局1936年）

民国时期，不似后来的男女平等，同工同酬，“谁说女子不如男”，干活要干男人活；许多先贤已一再指出，女子进学堂的主要目的，非为谋一份好的职业，而是找一位好的丈夫。所以，这些新时代的太太们，加上原本为钱委身或从良的姨太太们，当然还可以加上膝下的小姐们，便构成了时尚消费的主体，当然也成为时尚的百货公司进攻的对象。如新新公司在《北洋画报》1937年第1552期的广告《敬告小姐太太们》中说：“过新年，穿新衣，请到新新公司，做一件大衣或旗袍，准保风头十足。”诉求对象正是太太们。由于对品质的讲求，而真正好品质无如洋货，所以太太们还被人们视为洋货的义务推销员：“一切外国的流行品，没有太太们的提倡，就难以发达，太太是不用劝导，不用介绍，她们都会自动购买。”（华瑞《太太再教育》，《文汇报》1946年9月27日）可以说是，因为这种消费需求，导致了20世纪30年代的日货大流行和40年代的美货大流行。抗战时期，抵制日货，太太们苦不堪言而不敢言；战后美国以恩人般倾销其产品，催生了上海溪日路美货专卖一条街，短短的一条路，总是挤得人山人海，水泄不通。据《新民晚报》1946年9月1日《太太小姐，争购美货》报道，该条路上每个摊档的平均日销售额可达100万元法币以上，成条街的营业额可以日超亿元，足令当今的步行街们瞠乎其后。当局也一度慌了手脚，动议禁止化妆品等的进口，还引发抢购风潮。

所谓太太时代，的确算是新时代新玩意儿，固是时尚之福，然福兮祸之所倚，因其对于社会秩序的触怒，而屡遭社会及当局弹压。比如在1934年国货年中，太太们仍然穿着洋货被捧上天，被视为“实在的羞辱”。因为经济的战场是“更恶毒更可怕的战场”，而“失败是妇女的罪，是她们的过错，因为在这战场上，妇女才是战士，摩登的太太小姐们是先锋，女学生是第一道防线啊”！所以，太太小姐们，“为救祖国，为救自身，脱下你们身上的外国货，请走上你们的战场”！（《摩登的太太小姐们，请走上你们的战场》，《女子月刊》1933年第1卷第4期）1935年，广州市取缔奇装异服，《玲珑》1935年第5卷第37期《禁服中之广州官太太》就说这“实为老爷们向官太太报复之举”，因为据说惧内的官员们在家对妻子毕恭毕敬，然而在外却利用公权对家庭私领域干预，继而使得太太们“颇为不满”，“更有进一步之某种杯葛运动以示反抗”。

总之，无论正说反说，时装的太太时代是名副其实的，正如张爱玲在为《流言》初版本手绘插图旁所说：“太太，社会栋梁。”

足下摩登，广东先行

清季以来以洋为尚的服饰潮流中，鞋袜比较边缘，乏人关注，尤其是鞋的洋化，几无今人提及；在当年，倒是常常有人提及。笔者所见最早提到洋鞋风尚的，当属英人呤利的《太平天国革命亲历记》，广州人与有荣焉。他说1859年漫步广州街头时，“看见很多中国姑娘的天足上穿着欧式鞋，头上包着鲜艳的曼彻斯特式的头巾，作手帕形，对角折叠，在颊下打了一个结子，两角整整齐齐的向两边伸出”，由此感慨：“我觉得广州姑娘的欧化癖是颇引人注目的。”这种欧化，得益于两个前提：一是广州长期处于一口通商的特殊环境；二是广州有点自外于内地，尤其是它的妇女，勤耕苦作甚于男子，有天足的需求和传统。再者，欧化的皮鞋的流行，在炎热多雨的广州，也有功能上的优势。有道是：“皮鞋本是外国货，近来中国也会做。底坚面韧最奈穿，天好落雨著得过。”这一优点，即便是传统的高档的天官履、学士鞋，也无法比拟的。（顽《做皮鞋》，《图画日报》1909年第107号）

一朝领先，招招领先。后来饱受议论的高跟鞋，也是广东人最先穿起来。只不过早期碍于形势，并没有广泛流行开来，但在清末已成时髦，则无可疑。易石公的竹枝词曰：“颈链金表火钻嵌，薯灰裙子杏灰衫。履声案囊长堤路，眼镜逢人尽蔚蓝。”履声案囊，即指高跟鞋。

民国建立后，剪发易服，仿佛鞋也可以跟着易，“高跟鞋的流行，亦随之弥漫。到得目下，凡是摩登妇女，几乎没有一位不穿上一双”。当时坊间传言，中国女子最讲究穿鞋的，要推宋氏三姊妹，一双鞋只穿一天，而且非华革公司出品不穿，一双的代价至少得七八十元；有一位专门管鞋的女佣，把她们穿过的鞋，给聚集起来，卖给香港

民国广告上穿高跟鞋的女郎

某大鞋铺，转卖给一般人们，那些鞋还依然同新的一样。这原籍海南的宋氏啊，也算是广东人，或者说广东裔。问题是，有这么夸张吗？再说下去，你就会觉得肯定是有人在造谣："听说宋氏这笔支出，照例是归国库负担。这个消息，被外国记者知道之后，欧美各报莫不用大字登载，于是引起著名捷克鞋商白佳的注意，特地到香港开设一家分号，就是以宋氏姊妹当他们唯一的大主顾云。"（失名《谈鞋》，《三六九画报》1940年第2卷第6期）

广东人好洋鞋，好到后来，在经济不景气的年头，又适逢民族意识高涨，民粹主义抬头，1935年5月间，竟弄出了个抵制洋鞋运动（《全市鞋业抵抗洋鞋商侵略》，《国货月刊》1935年第2卷第4期），为民国服饰史上所仅见。此外，如陈序经教授言，广东是新文化的先锋队，也是旧文化的保留所，有一些人，是看了几十年也看不惯高跟鞋的。特别是在复古意识较强的南天王陈济棠治下，《广州杂志》1933年第9期刊发天斛的《小脚与高跟鞋》攻击道："高跟皮鞋，除了装成又圆又大的屁股一点作用之外，在我是想不出其他的好处来。"当然，也许有另外一个好处，就是发扬鞋杯行酒的传统，在"小脚狂之风气已息，聪明的小姐，妙想天开，拿高跟鞋来代替小脚，进而供人'行酒''闻香'"。

丝袜：永远的摩登

在反摩登和取缔奇装异服中，丝袜也是有份儿的，但是恐怕没有另外一种服饰，能像丝袜那样修成正果，变成后人总结的民国女子形象不可或缺的要素（烫发、旗袍、丝袜、高跟鞋、略施淡妆等）之一。可是，在其初入中华时，穿丝袜还被义和团看成是"二毛子"（教民或替洋人办差的中国人）的标志，重则砍断其足，至少也要撕破其袜；而在后来的基督徒总统发动的取缔奇装异服运动中，不穿袜反成了奇异的着装。不过在义和团时代，穿着丝袜的人甚少，因为丝袜纯粹是舶来货，"最初不过是中国几个通商口岸的外国商店，有得购买"，直到1917年先施百货开业，才稍稍流行开来，即包天笑所谓"后来中国人创办专销外国货的百货公司也有了"。（包天笑《衣食住行的百年变迁》，苏州市政协文史编辑室1974年）然而，丝袜仍颇不易得，而且其透明的肉感，一时也让守旧人士吃不消，进而影响到当局的态度；在当年为约束学堂效北里的行动，北洋政府就特别要求禁穿丝袜："学务局以近日各校女学生所着之单丝洋袜，透露皮肤，殊于外观不雅，昨特通知各女学校，务须禁止，以重观瞻。"

禁果总是最香的。所以，讨伐北洋政府的国民党人，似乎可以"敌人反对的我们就拥护"的理由喜欢一把丝袜；北伐成功后，新设立的南京特别市首任市长刘纪文（宋美龄的首任男友），就特地买了一双二十五元的丝袜送给新婚太太许淑珍，一时为报章所热炒，竟然招致作为基督徒的冯玉祥的责难。由此可见，要想官方层面公然接受沾上"奇装异服"边儿的东西，都不容易。但毕竟昭示了这是好东西，所以很快风靡一时；"白衫黑裙长筒袜”，成为当时最时髦摩登的装束。当然仍不免讥嘲，时人就特地编发了一条“白衫黑裙长筒袜”的段子：“白的衫，黑的裙，长筒的袜儿——圆脚胫。蓬松发，桃红唇，两只眼睛活灵灵！两只眼睛活灵灵！窄窄肩，紧腰身，一双藕臂舞不停，软软酥胸朝前挺。”（殊君《白衫黑裙长筒袜》，上海《民国日报》1929年7月12日）

女人祸水，丝袜也曾成为祸端，因为“上海市上汽车夫，每有因看女人腿上的丝袜而肇祸者”。不过虽然说“夫丝袜，岂足以引起人们之视线，人们之所注意者，固不在丝袜，而在将丝袜撑得紧绷绷的两条小腿耳”，但是，也正是有了丝袜，坐得起汽车的妇女们才可以将美腿露出来，半遮半掩，最易勾人而肇祸。大约外人更明白这一层，所以干脆不穿丝袜，“已成美国一部份之时髦装束”，而“中国似亦有‘时兴’之趋势”。但中国的“顽固者流，亦有严令禁止之举”，因为确信“男生之于女生，移其视线于赤裸裸的小腿，盖已无疑义”，尤其担心“因看‘美满的腿’，恐又引发类似看丝袜之惨剧”。（云心《女青年露腿新装》，《北洋画报》1930年第521期）这就是后来取缔奇装异服运动中，严禁不穿丝袜的来由。这倒大大成全了丝袜独具的时尚。

此后虽也曾一度流行不穿袜，尤其是广州，因为天气太热，几身短衫裤，一双木屐，男人女人几乎可以整年穿着，袜子好像可以不必穿，帽子除白色外，其余时候不戴也行。（亦英《羊城琐话》，《申报月刊》1935年第9期）但不穿丝袜，却可提高鞋跟——“鞋跟愈高愈妙”；还可以画一双假丝袜——“在脚面脚胫之上，画上各种花卉”。（《流行不穿袜》，《新天津画报》1933年4月22日）最得益的是旗袍：以前因为旗袍衣衩开得很高的关系，所以除了夏季裸腿以外，其余都穿很长很鲜艳绸料的大脚管裤子，裤脚管上还缀着很漂亮的花边，后来因为发现可以改穿短袜子了，致使“旗袍衣叉突然减短，只开八寸，所以那些长裤子又被打倒”。（《最近女装变动消息》，《申报》1933年10月28日）旗袍成为摩登经典，丝袜也功不可没。总而言之，只有丝袜，才是永远的摩登，直至今日。

/ 延伸阅读 /

上海妇女服装沧桑史

□《申报》编辑部

…………

时装风气

海禁开放以后一个重大转变

时装的兴起，还不过近百年来的事。在百年前，大家有“做一件，传三代”底观念，往往母女婆媳，更迭地穿著一件衣服，不顾身体长短肥瘠，穿了是否配身，更谈不到衣服的材料和式样。做一件衣，既可以穿得如此久长，所以不惜人工，阔镶密滚，以示其美。好在那时候妇女们悠闲，多花一点时间是无所谓的。同时在帝制时代，命妇服饰，早在法律上规定，即是常服，材料也有相当限制，式样也不能失却身份。这是维持妇女服装式样不变的一个主因。海禁开放过后，外国材料源源不绝地输入，使人看了眼花。因输入数量之多，流行更为普遍。在鸦片战争以前，洋货只羽纱、呢绒之类，后来花色日多，洋绸、洋缎、洋绢，要比国产绸缎便宜得多，洋布更充斥市场。材料既易取得，观念也渐渐地改变，做一件新衣，并无传代之必要，衣服大小，肥瘦有别，尺寸更该合身一些。许多费时费工的滚坎觉得太累赘了，缝纫方法，亦日趋简单化。同时外国装饰之输入，使式样改变得更快，这种种都是造成风气的原因。上海因华洋杂处，便得风气之先，成为时装的权威者。过去所谓“京装”“苏式”已跟着衰落了。而南方的“粤装”“港装”，也可说是上海的一支。近百年来，上海乃操纵中国妇女装饰的大本营。

服装的演变

照相馆中试番装，奶罩打倒小马甲

在旗袍尚未流行以前，妇女们都是两截穿衣的，材料也是洋货，式样大同小异。这时真正的时装，谓之“番装”，那是完全洋式服装，但只限于小孩子的衣帽，妇女们虽然偶一穿之也仅在照相馆中镜头上扮一“番妹”，穿起来在街上走的很少。上海香港等地，或能看见，内地绝对没有。后来留日之风大盛，日本服装也为一般时髦女子所醉心。当时流行的衣衫是既窄且长，裙上也无绣文，其色尚玄，配上手表，椭圆的小蓝色眼镜，加以皮包和绢伞，是最时髦不过的。此由留日学生介绍而来，表示她是一个具有“文明”思想的女子。

那时所谓时装，对于阔千金，影响尚少，而北里中却有许多奇衫怪状。有一时，在裤的两旁，做著插袋，插袋下面，又有排须缨络，远远望去，仿佛“老学究”腰间所挂的眼镜袋。一字襟坎背，本是旗人装饰，民国以后，也曾流行过一时，北里名花，更有一盏小电灯，缀在襟扣之上，预储干电池于怀中，启放时光彩四射，顾盼生姿，可谓非夷所思。

袒胸露臂，本是西俗，在中国即使是生理上自然发展的乳部，也要加以束缚。自衣服式样改小以后，小马甲代替了从前的肚兜，把胸部紧紧包著，妨碍妇女的健康，影响婴儿哺乳，莫此为甚。但渐渐又沾染西方习俗，打倒小马甲，而代以奶罩了。

关于旗袍

旗袍的流行，还是近二十年的事。开始流行于上海，渐渐流入内地，现在已经成为妇女唯一的服装了。但今日通行之旗袍，只不过略仿旗装，和真正满人的旗袍，相去很远。据光绪十四年出版之《游沪笔记》中，有下列一段的记载：“洋泾浜一隅，五方杂处，服色随时更易……女则效满洲装束，殊觉耳目一新”。然则六十年前，上海女子已有旗装，但不过偶一尝试罢了。

旗袍风行了二十年，在长度上，出手上，不知变更了多少次。有时长得拖脚背，走一步路还得把衣服提起一些。即整天闹着无事的小姐们，也不胜其苦。为了要漂亮，只得做衣服的奴隶。后来渐渐改短，现在已逾近膝盖了，老先生不免又要摇头，以为有伤风化。衣袖的长短大小，也是变换不定，最近几年，夏令服装，已经等于没有袖子，冬天却还是长袖的多。但许多摩登女子，在大冷的冬天，一双玉臂，依旧露在外面，在暖气设备不很普遍的中国，就是不出门，也到底有些耐不住。现在又从窄袖而改为大袖，西风从袖口里吹进去，在冷天更受不了。

一件长马夹

有一时期盛行一件长马甲，加在旗袍的外面。这是从旗装的坎肩变化而来的。据说为影星黎明晖所创始，有人见过黎明晖的一封信，内云："我的新衣早就做好了，一件长背心，一件薄纱旗袍，背心罩在旗袍上，又好看，又大方。这是我的新发明，别人没有穿过，你愿意来参观吗？"于是妇女们纷纷模仿，成为一时风尚。后来渐渐走了样，外面虽然是长马甲，可是罩在里面的，已不是长旗袍而是一件短袄。甚至在掛肩上做一线缝，假充长背心。且较长背心，更为熨贴，于是一而二，二而一，不可复辨。

华侨爱穿旗袍

妇女们爱穿旗袍，不仅在中国普遍流行，并且流传到美国。三藩市华侨来信曾说："目前国人处处用美式配备，但美国妇女却爱穿中国旗袍，此在我国妇女闻之，当引为无上光荣。"这还是民国廿四五年间事，可惜抗战旋起，否则到很可以藉此推广国产丝绸的销路。时装专家张箐英说：旗袍有许多优点，和西洋服装有异曲同工之妙。可见旗袍之流传于海外，亦非偶然之事。

（选自《申报》1946年10月7日，有删节）

洋服的没落

□ 鲁迅

几十年来，我们常常恨着自己没有合意的衣服穿。清朝末年，带些革命色采的英雄不但恨辫子，也恨马褂和袍子，因为这是满洲服。一位老先生到日本去游历，看见那边的服装，高兴的了不得，做了一篇文章登在杂志上，叫作《不图今日重见汉官仪》。他是赞成恢复古装的。

然而革命之后，采用的却是洋装，这是因为大家要维新，要便捷，要腰骨笔挺。少年英俊之徒，不但自己必洋装，还厌恶别人穿袍子。那时听说竟有人去责问樊山老人，问他为什么要穿满洲的衣裳。樊山回问道："你穿的是那里的服饰呢？"少年答道："我穿的是外国服。"樊山道："我穿的也是外国服。"

这故事颇为传诵一时，给袍褂党扬眉吐气。不过其中是带一点反对革命的意味的，和近日的因为卫生，因为经济的大两样。后来，洋服终于和华人渐渐的反目了，不但袁世凯朝，就定袍子马褂为常礼服，五四运动之后，北京大学要整饬校风，规定制服了，请学生们公议，那议决的也是：袍子和马褂！

这回的不取洋服的原因却正如林语堂先生所说，因其不合于卫生。造化赋给我们的腰和脖子，本是可以弯曲的，弯腰曲背，在中国是一种常态，逆来尚须顺受，顺来自然更当顺受了。所以我们是最能研究人体，顺其自然而用之的人民。脖子最细，发明了砍头；膝关节能弯，发明了下跪；臀部多肉，又不致命，就发明了打屁股。违反自然的洋服，于是便渐渐的自然而然的没落了。这洋服的遗迹，现在已只残留在摩登男女的身上，恰如辫子小脚，不过偶然还见于顽固男女的身上一般。不料竟又来了一道催命符，是镪水悄悄从背后洒过来了。这怎么办呢？

恢复古制罢，自黄帝以至宋明的衣裳，一时实难以明白；学戏台上的装束罢，蟒袍玉带，粉底皂靴，坐了摩托车吃番菜，实在也不免有些滑稽。所以改来改去，大约总还是袍子马褂牢稳。虽然也是外国服，但恐怕是不会脱下的了——这实在有些稀奇。

（选自《申报·自由谈》1934年4月25日，署名士繇）

云想衣裳记

□ 周瘦鹃

静安寺路爱巷 Love Lane 之口，有小肆临衢，晶窗内金阑灿然，作流云卷舒状，美乃无匹。檐牙之上，一市招亦金色，幕以零统断素缀合之织，斑斓如百衲衣。双星渡河之后三日午后五时许，门前陈方案，一小郎立其上，周绕绛葩，环列玻盏，斟旨酒满之，有靓妆士女擎盏于手，相与致祝。小女郎展其苹果之靥，引手制彩绳，百衲之织应手落，市招上有两字涌现，则赫然云裳也。此特别之开幕典礼成，于是乎云裳公司遂与海上士女相见矣。

云裳公司者，一专制妇女新装束之新式衣肆也。创办者为名媛唐瑛、陆小曼二女士与徐志摩、宋春舫、江小鹣、张宇九、张景秋诸君子，而予与老友钱须弥、严独鹤、陈小蝶、蒋保厘、郑耀南、张珍侯诸子，亦附股作小股东焉。筹备三月，始告就绪，涓吉于七月十日开幕。先期遍发香柬，邀请名流闺彦临观。届日，骏奔麇集者凡五百余人，署名于册者，续续如长流之水，亦云盛矣。（黄子梅先生在场担任摄影）

任总招待者为唐瑛、陆小曼二女士，交际社会中之南斗星北斗星也。

…………

（选自《申报》1927年8月10日，有删节）

旗袍的旋律

□《良友》编辑部

盘桓起伏于女子膝部与足部之间的那根旗袍高度线，不但配成音乐上一条最美的旋律，并且说明了十五年来中国女子服装显著的变迁，跟了旗袍高度的起伏，袖高边饰领头开叉都发生显著的变化，而头发的式样面部的化装也随了时代的巨轮变幻不息。旗袍这两字虽然指的是满清女子的服装，但从北伐革命后开始风行的旗袍，早已脱离了满清服装的桎梏，而逐渐模仿了西洋女子装的式样，成为现代中国女子的标准服式了。旗袍风行以来，已有好多年，其间变化甚多，我们从这里也可以看出当时的风尚，而中国女子思想的急进，这里也有线索可寻。

中国旧式女子所穿的短袄长裙，北伐前一年便起了革命，最初是以旗袍马甲的形式出现的，短袄依旧，长马甲替代了原有的围裙。十五年前的梁赛珍，穿的就是这么一件初期的长马甲。

长马甲到十五年把短袄和马甲合并，就成为风行至今的旗袍了。当时守旧的中国女子，还不敢尝试，因为老年人不很赞成这种男人装束的。

十六年国民政府在南京成立，女子的旗袍，跟了政治上的改革而发生大变。当时女子虽想提高旗袍的高度，但是先用蝴蝶褶的衣边和袖边来掩饰她们的真意。

十七年时，革命成功，全国统一，于是旗袍进入了新阶段。高度适中，极便行走，袖口还保持旧式短袄时阔大的风度，领口也有特殊设计。

到十八年，旗袍上升，几近膝盖，袖口也随之缩小，当时西洋女子正在盛行短裙，中国女子的服装，这时也受了它的影响。

短旗袍到十九年，因为适合女学生的要求，便又提高了一寸。可是袖子却完全仿照西式，这样可以跑跳自如，象征当时正被解放后的新女性。

旗袍高度，到二十年又向下垂，袖高也恢复了适中的阶段，皮鞋发式都有进步，当年名媛许淑珍女士，她所穿的服装，正可充作代表。

当时颇负时誉的上海交际花薛锦园女士，可以代表盛行于二十一年的旗袍花边运动，整个旗袍的四周，这一年都加上了花边。

旗袍到二十二年，不但左襟开叉，连袖口也开起半尺长的大叉来，花边还继续盛行，电影明星顾梅君女士，当时穿过这样一件时髦旗袍。

旗袍到二十三年又加长，而叉也开得更高了，因为开叉的关系，里面又盛行了衬马甲，当时的旗袍还有一个重大变迁，就是腰身做得极窄，更显出全身的曲线。

开叉太高了，到二十四年又起反动，陈玉梅和陈绮霞两姊妹都改穿了低叉旗袍，但是长度又发展到了顶点，简直连鞋子都看不见。

二十四年旗袍扫地，到了二十五年，因为对于行路太不方便，大势所趋，又与袖长一起缩短，但是开的叉却又提高了一寸多。

物极必反，旗袍长度到了二十六年又向上回缩，袖长回缩的速度，更是惊人，普通在肩下二三寸，并且又盛行套穿，不再在右襟开缝了。

旗袍高度既上升，袖子到二十七年便被全部取销，这可以说是回到了十四年时旗袍马甲的旧境，所不同的是光光的玉臂，正象征了近代女子的健康美。

经过了十五年的变迁，旗袍已成为中国近代女子的标准服装。打倒了富于封建色彩的短袄长裙，使中国新女性在服装上先获得了解放。今日的旗袍已和欧美女装的风尚，发生了联系，它不但为二万万中国女同胞所采用，并且被许多欧美女子在所爱好。像今日中国的女子在国际上已获有地位一样，旗袍也是世界女子服装界的一支新军了。

（选自《良友》1940年第150期）

关于衣裳

□ 梁实秋

莎士比亚有一句名言："衣裳常常显示人品"；又有一句："如果我们沉默不语，我们的衣裳与体态也会泄露我们过去的经历。"可是我不记得是谁了，他曾说过更彻底的话：我们平常以为英雄豪杰之士，其仪表堂堂确是与众不同，其实，那多半是衣裳装扮起来的，我们在画像中见到的华盛顿和拿破仑，固然是弈弈赫赫，但如果我们在澡堂里遇见二公，赤条条一丝不挂，我们会要有异样的感觉，会感觉得脱光了大家全是一样。这话虽然有点玩世不恭，确有至理。

中国旧式士子出而问世必需具备四个条件：一团和气，两句歪诗，三斤黄酒，四季衣裳；可见衣裳是要紧的。我的一位朋友，人品很高，就是衣裳"普罗"一些，曾随着一伙人在上海最华贵的饭店里开了一个房间，后来走出饭店，便再也不得进去，司阍的巡捕不准他进去，理由是此处不施舍。无论怎样解释也不得要领，结果是巡捕引他从后门进去，穿过厨房，到账房内去理论。这不能怪那巡捕，我们几曾看见过看家的狗咬过衣裳楚楚的客人？

衣裳穿得合适，煞费周章，所以内政部礼俗司虽然绘定了各种服装的式样，也并不曾推行。幸而没有推行！自从我们剪了小辫儿以来，衣裳就没有了体制，绝对自由，中西合璧的服装也不算违警，这时候若再推行"国装"，只是于错杂纷歧之中更加重些纷扰罢了。

李鸿章出使外国的时候，袍褂顶戴，完全是"满大人"的服装。我虽无爱于满清章制，但对于他的不穿西装，确实是很佩服的。可是西装的势力毕竟太大了，到如今理发匠都是穿西装的居多。我忆起了二十年前我穿西装的一幕。那时候西装还是一件比较新奇的事物，总觉得是有点“机械化”，其构成必相当复杂。一班几十人要出洋，于是西装逼人而来。试穿之日，适值严冬，或缺皮带，或无领结，或衬衣未备，或外套未成，但零件虽然不齐，吉期不可延误，所以一阵骚动，胡乱穿起，有的宽衣博带如稻草人，有的细腰窄袖如马戏丑，大体是赤着身体穿一层薄薄的西装裤，冻得涕泗交流，双膝打战，那时的情景足当得起“沐猴而冠”四个字。当然后来技术渐渐精进，有的把裤脚管烫得笔直，视如第二生命，有的在衣袋里插一块和领结花色相同的手绢，俨然像是一个绅士，猛然一看，国籍都要发生问题。

西装是有一定的标准的。譬如，做裤子的材料要厚，可是我看见过有人在光天化日之下穿夏布西装裤，光线透穿，真是骇人！衣服的颜色要朴素沉重，可是我见过著名自诩讲究衣裳的男士们，他们穿的是色彩刺目的宽格大条的材料，颜色惊人的衬衣，如火如荼的领结，那样子只有在外国杂耍场的台上才偶然看得见！大概西装破烂，固然不雅，但若崭新而俗恶则更不可当。所谓洋场恶少，其气味最下。

中国的四季衣裳，恐怕要比西装更麻烦些。固然西装讲究起来也是不得了的，历史上著名的一例，詹姆斯第一的朋友白金翰爵士有衣服一千六百二十五套。普通人有十套八套的就算很好了。中装比较的花样要多些，虽然终年一两件长袍也能度日。中装有一件好处，舒适。中装像是变形虫，没有一定的形式，随着穿的人身体变。不像西装，肩膊上不用填麻布使你冒充宽肩膀，脖子上不用戴枷系索，裤子里面有的是“生存空间”；而且冷暖平匀，不像西装咽喉下面一块只是一层薄衬衣，容易着凉，裤子两边插手袋处却又厚至三层，特别郁热！中国长袍还有一点妙处，马彬和先生（英国人入我国籍）曾为文论之。他说这钟形的长袍是没有差别的，平等的，一律的遮掩了贫富贤愚。马先生自己就是穿一件蓝布长袍，他简直崇拜长袍。据他看，长袍不势利，没有阶级性，可是在中国，长袍同志也自成阶级，虽然四川有些抬轿的也穿长抱。中装固然比较随便，但亦不可太随便，例如脖子底下的钮扣，在西装可以不扣，长袍便非扣不可，否则便不合于“新生活”。再例如虽然在蚊虫甚多的地方，裤脚管亦不可放进袜筒里去，做绍兴师爷状。

男女服装之最大不同处便是，男装之遮盖身体无微不至，仅仅露出一张脸和两只手可以吸取日光紫外线，女装的趋势，则求遮盖愈少愈好。现在所谓旗袍，实际上只是大坎肩，因为两臂已经齐根划出。两腿尽管细直如竹筷，扭曲如松根，也往往一双双的摆在外面。袖不蔽肘，赤足裸腿，从前在某处都曾悬为厉禁，在某一种意义上，我们并不惋惜。还有一点可以指出，男子的衣服，经若干年的演化，已达到一个固定的阶段，式样色彩大概是千篇一律的了，某一种人一定穿某一种衣服，身体丑也好，美也好，总是要罩上那么一套。女子的衣裳则颇多个人的差异，仍保留大量的装饰的动机，其间大有自由创造的余地。既是创造，便有失败，也有成功。成功者便是把身体的优点表彰出来，把劣点遮盖起来；失败者便是把劣点显示出来，优点根本没有。我每次从街上走回来，就感觉得我们除了优生学外，还缺乏妇女服装杂志。不要以为妇女服装是琐细小事，法朗士说得好："如果我死后还能在无数出版书籍当中有所选择，你想我将选什么呢？……在这未来的群籍之中我不想选小说，亦不选历史，历史若有兴味亦无非小说。我的朋友，我仅要选一本时装杂志，看我死后一世纪中妇女如何装束。妇女装束之能告诉我未来的人文，胜过于一切哲学家，小说家，预言家及学者。"

衣裳是文化中很灿烂的一部分。所以裸体运动除了在必要的时候之外，如洗澡等等，我总不大赞成。

（选自《星期评论》1941 年第 37 期）

辑四

旧传统与新时尚

没有哪个国家有中国这么持续悠久深厚的历史文化，所以，任何的新文化或者新时尚的出现都难免显得稚嫩与单薄。以复古为革新，或者以怀旧为时尚，便成为中国文化革新与时尚创新的特色道路。在民国时尚的曲折历程中，这种新旧夹缠，蔚为光景。比如说，旗袍初起，让人觉得一时回到了前清，而且是女扮男装。再如皮衣下穿，让平民过上了贵族的瘾；而皮衣反穿，则又是孤寒的暴发户的款。

至于时为穿越，中西古今杂糅，更为怡人。而且民国人穿越得更为彻底，可以完全现代装束扮演，就像戏曲舞台上的人物，把现代服饰当作古人的戏服。这正是一种极致的传统！最有意味的是知识精英以及一些酷姐酷爷们的做派，别有一番时尚风采。最酷的当数张爱玲，一来她最懂服饰之妙，二来她最敢混穿，直穿得万人瞩目，直到呆住；胡兰成说，这才是“民国世界的临水照花人”。再如，海上文人林微音，常常穿得像白相人（女里女气的男色人），其他知识人更别有讲究，以至在穿着上都可以分出京派与海派。合而言之，这才是真正的民国自由派。

真正的时尚，常常时时向传统致敬，后起的中国时尚尤应如此。民国期间，有一时期，古典的中国传统服装颇受西人青睐，国人便自诩为“东服西渐”。其中固有猎奇的因素，然其中文化积淀之深，究为主流，如能成功进行时尚转换，确是中国时尚的前途；民国如此，今日亦然。

时装穿越古今中西

近现代以来，每逢变革年代，西来物什引入，总有人半推半就地来一个“咱们古已有之”的托词，然后还真去找一堆似是而非的东西出来相比拟。民国时期，著名的范烟桥先生也干过一回这种事儿，不过比寻常的家伙要高明不少。他在《申报》1933年9月23日发表了一篇《古制的新装》说：古代女子的衣制，有现在仍旧适用的，所不用者，只是长短宽窄而已。并举了很多例子，如认为当年夏末秋初新流行一种绸制的小披肩，即传统的褂；不是满人的褂，而是《元后传》中“衣缘绿诸于”的“诸于”，还有《汉武帝内传》所述王母“服青绫之褂，容眸流盼，神姿清发”的褂。照现在说，就是披在外面的外褂，当时也用红色的边缘，想见其娇丽了；而且是用丝织品去做的，和现在多用呢绒布的，有些不同。传统的唯美，取其飘逸；现代的实用，取其调节气候与体温的。这样说来，褂还真不普通。

范烟桥关于褡属的解说很好玩。说这种服饰也见于《汉武帝内传》：“王母上殿东向坐，着黄金褡襡，文采鲜明，光仪淑穆。”《释名》对此的解释是：“褡襡也，衣裳上下相连属也。”中国女子服装的传统是上衣下裳，衣裳相连，是国门洞开之后，受西方服饰（连衣裙）及现代思潮（效男人穿长袍）的影响，所以作者说：“照现在说，就是西方装束了。年青的女子，在夏令，穿的很多，新嫁娘尤常用这种服制的。不过没有王母那么富丽罢了。”而我们应该联想到的是，西王母也是西方之王母啊！看来，穿越古今的，是这“西方”啊！

还有一例，当最为时髦人士所乐知，即“反衣”，

《中国历代戏剧服装之变迁》，《良友》1930 年第 47 期

即皮衣反穿，这在中国古代是受嘲弄的。如《汉书·匡衡传》说："富贵而列士不誉，是有狐白之裘而反衣之也。"《新序》也说："魏文侯出游见皮裘负薪者，问之，对曰：爱毛也。文侯曰：若不知

里尽而毛无所恃也。”此也是反对反衣的。可是，如包天笑《六十年来妆服志》所言，打清朝起，大佬要表示他品级之高，衣服之华贵，都穿反皮。大约反传统就是炫富吧。至于说外国妇女也有这意思，而中国妇女去模仿她们，那纯粹是为了炫富的需要。

而最能镇住外国人的古已有之的服装是曳地长裙。写《蕙风词话》的况周颐说，“汪碧巢《粤西丛载》引林坤《诚斋杂记》云：‘广西妇人衣裙，其后曳地四五尺，行则以两婢前携。’”而这正是“西国妇女时装也。近沪上有仿之者，不图吾广右自昔有之”。

如果说以上还属掉书袋说着玩来着，那1934年所拍的时装水浒戏，则玩了一把今人都不敢想的时装穿越把戏：“近日武侠片又有复兴之势。天一公司已着手编一部这种片子，闻剧情根据水浒中林冲之故事，以王元龙饰林冲，不过片中一切均改为现在式。”（《天一将拍时装水浒》，《玲珑》1934年第4卷第1期）其实这种时装古戏的出现，大约也是受了梅兰芳时装京剧的启发。从1914年7月至1918年2月间，梅兰芳在冯幼伟、齐如山等一批文人的帮助下，先后排演了《孽海波澜》《宦海潮》《邓霞姑》《一缕麻》《童女斩蛇》五曲时装新戏，一时间好评如潮，影响深远，肯定也会及于作为近邻的新兴的电影。

藏拙的时尚

藏拙是中国文化与美学的核心要义之一——守拙与归愚是至高境界，难以讨论——也是服饰文化的产生与发展的源动力之一。在民国服饰史上，也有许多人一再提出这一点，不过多戏谑为之，选辑出来，相信可博读者一笑，笑后也会一思。

首先揭示的，是清末民初的徐珂，对象则是同属清末民初的名妓林黛玉。徐珂说："光绪时，沪妓喜施极浓之胭脂，因而大家闺秀纷纷效尤，然实始于名妓林黛玉，盖用以掩恶疮之斑者也。"林黛玉另一影响时尚的歪招，据说是一时难以翻新出奇，便翻出箱底的旗袍来，竟也一时风行。词人朱鸳雏便作了一阕《旗袍•调寄一半儿》（《紫罗兰》1925年第1卷第5号）咏其事："老林黛玉异时流，前度装从箱底搜，一时学样满青楼，出风头，一半儿时髦一半儿旧。（笑意不喜旗袍。尝曰：老林黛玉卷土重来，因为时装自竞，乃于箱底出旗袍，一时风从，不亦可笑。）"同时调侃挖苦跟风者："看人眼热学新鲜，破费男人血汗钱，锦霞缎滚绣丝边，定须穿，一半儿人家一半妓。" 这正应了西人之言——"时装是丑陋的女人们造成的"。更准确来说，应该是女人的缺陷造成的——为了藏拙。比如说，伊丽莎白一世曾提倡并引起跟风效法的几种装束，像有一种高耸而僵得挺硬的围住颈部的肩衣，据说是为了掩盖她颈部的皱纹；像有一种复叠而庞大的奇形的裙子，据说是因为其肢体生得太难看，只有穿这样庞大的裙子才可以遮盖得过。（茧厂《丑妇与时装》，《万象》1944年第2期）

这类事例，时人还举出了许多，如说法国国王路易十一的女儿，因为脚生得太大，所以创制了拖到脚上的长裙；美丽的Ferronnicre，在面额的正中，却有个烧疤，佩带了细线做练的宝石，遮蔽着这个伤痕；奥地利的Anne皇后，她的手臂生得十二分的洁白丰满，所以创行了露臂无袖的衣服；Maname de Pampadour，身腰婀娜如柳，创行了没有后帮的高底拖鞋。之所以多举西人的例子，目的是为了惩戒国内女人们胡乱地追求时髦，“只知流行什么，穿着用着什么，连自己也不知其所以然”。（许弢《时装及其经济之影响：奇特的志趣，狂乱的装饰》，《申报》1933年10月7日）

所以，作为时尚堡垒的永安公司，在其《永安月刊》刊文说：“妇人之衣，不贵精而贵洁，不贵丽而贵雅，不贵与家相称而贵与貌相宜。”否则，难免愈打扮愈丑，就像“许多年逾风信的，犹迷恋如青春少女一样，不仅露其丑，也有被目为‘妖’的危机。‘丑’还是平常的一回事，‘妖’遂没药可医”。（黄觉寺《妇女与装饰》，《永安月刊》1943年第40期）

莲船行酒醉春宵

元代最著名的诗人杨维祯在元末时，因为发明用妓女三寸金莲的小脚勾鞋——莲船——载酒行令赋诗，被人骂为诗妖。其实，在后人看来，这没有什么好骂的。美丽的软体小脚绣花鞋，原本是中国服饰的奇葩。尤其是睡觉时还穿着不解的睡鞋，那是香艳的，软底的，不染尘的，所谓合欢不解，被底撩人，最为词人所乐于描画意淫。如清代大诗人彭骏孙的《一萼红》咏道："试湘钩，正熏笼初暖，百合惹氤氲。合欢不解，同梦相偎，天然无迹无尘。巧占断春宵乐事，问伊家何处最撩人？绡帐低垂，兰灯斜照，微褪些跟。好是轻盈娇小，只一弯香浸，半捻红分。新月匀云，纤荷舒夜，阿谁消受清芬？莫便道魂销此际，玉楼合处更销魂。底事东阳憔悴，化尽腰身。"又有一种，女子当洗浴时，也不脱解，如吴蔚光《沁园春》所咏："有时试浴银盆，似水畔莲垂两瓣轻。"读了无不使人为之销魂。

其实，还有一种有如今之拖鞋、沿自古之靸鞋的屧鞋，未睹其鞋，已闻其声，更让人心旌摇荡。据说当年吴王夫差为西施营建的馆娃宫专辟响屧廊，就是为了达到这种效果。清初大诗人吴梅村写秦淮八艳之首陈圆圆故事的《圆圆曲》，结以"香径尘生乌自啼，屧廊人去苔空绿"，实在让人怜香惜玉。然而，即使普通人家，"灯影下曳之以行，亦复行有致"。所以，到了清末民初，上海妓女终于将之发扬光大，成为一种特制的画屧——"镂空其底，中作抽屉，杂以尘香，围以雕纹，和以兰麝，凌波微步，罗袜皆芳。或有置以金铃者，隔帘未至，清韵先闻"。而在民国的革命风气激励之下，摩登女郎们便将这种内闱之鞋穿到大街上，有大胆的好述者，更“绣以轻怜密爱之词以赠所欢”，使这种意淫效果臻于双向互动的境界，妙不可言。

民国初年，在西来的高跟鞋渐渐流行的时候，一些小姐穿惯了高跟鞋以至于换了平跟鞋就不能走路，有人便借此反击当初对于莲船弓鞋的攻击，说你这高跟鞋，本质上与咱们的三寸金莲也没有多大区别嘛！因为女子缠了脚，是难以穿平底鞋走路的，必须得在后跟处衬一块圆木，名曰木底，以便把后跟撑高；尤其是江南女子，大抵都穿那种鞋子，行时咯咯有声，使人一听，便知道女子步履之音。有人进一步推测，在不缠脚时代，比如西施，也是穿高跟鞋的——馆娃宫的响屧廊，便可视为西施穿高跟鞋的证据。因此，这高跟鞋，中国也是古已有之了，不能由得你们西人专美。而且，我们的“高跟鞋”，还辅以脚镯，或曰足钏，“掩映于蝉翼丝袜之间，更有系以小金铃者，行步时丁零作响”，较之西人单调的阁阁之声，犹如交响之曲，更加绘声诱色。所以，在未来服饰时尚的发展道路上，凭借中国深厚无匹的传统资源，只要深入发掘，一定能所向披靡，使21世纪成为中国的世纪。信不信由你，反正我是信的。

话又说回来，莲船载酒，在民国时期，据说也还曾有遗响回澜。如《世界杂志》1931年第2卷第1、2期合刊季清的《鞋杯行酒》说：“鞋杯行酒，始自杨铁崖。近欢场之会，多有仿而行之者。”同样也有诗人一往情深地吟咏助兴，并志深情。如大兴人沈小山的诗：“昨夜肩头今夜酒，不曾孤负可怜宵。”广东新会黄笛楼也有诗云：“湿到凤头非是酒，刚才风露立中宵。”季清的评论是：“沈则情深，黄则语妙，可以并传。”或许广东人乐于引以为荣，《广州杂志》1933年第9期天斛的《小脚与高跟鞋》便说到广东的情形，小脚时代过去了，弓鞋莲船不再，但“聪明的小姐，妙想天开，拿高跟鞋来代替小脚，进而供人‘行酒’‘闻香’”。

皮草的兴衰

在中国服饰史上，汉民族一向不重皮草。在古装电视剧中，我们也可以看到，穿皮草的大多为北方夷狄。但正是作为北方少数民族之一的满族入关统治中原，带来了皮草的鼎盛，并深刻影响到民国的服饰风尚，余澜迄于今日。

北方严寒，非皮草不能有效御寒；北方地广人稀，毛绒厚实的野兽足敷所需。但满人入关后，许多方面又强制汉人从满俗，皮草立即不敷所需，变成物以稀为贵，大量从境外输入，也引入了西方的皮草文化。考虑到民国服饰时尚浓重的外来因素，这方面理应受到特别重视才是。广州在前清时还是最重要的皮草贸易中心。

满人穿皮衣出身的，讲究繁多，毛色上有小毛、大毛之分；等次上普通的有珠皮、银鼠、灰鼠、狐嵌，名贵的有海龙、玄狐、猞猁、紫貂、千尖、倭刀、草上霜、青种羊、紫羔之类，殊非今日之人所能想象。服制上也有严格规定，比如紫貂的外褂与马褂，据说是从前皇帝打围所穿，虽亲王阁部大臣，不能僭用，道（光）咸（丰）以后，放宽到京官的翰詹科道，外官的三品以上。再如守父母之丧，诗礼之家不能穿皮衣；即使可以变通，即翻过来穿的，也只有羊皮、珠皮、银鼠之类，因为都是白色的，可以充作孝服。凡此种种，真称得上是一种丰富的服饰文化。

然而，革命以后，这种皮草文化便失序了或者说解放了，因为无论何人，只要有钱，都可以穿高贵的貂皮，北里娇娃们，也终于趁着革命的东风，在1928年前后，抛弃掉传统的绸质斗篷，改穿起大衣，目标当然是能以一袭貂皮大衣作为章身之具。这灰背紫貂，过去为达官之具时，每袭售价已很是惊人，到了民国，放开了穿，穿的人多，国内西北产量有限，外货便渐渐输入，俄国的灰背、美国的紫貂、德国的兔皮，均为人所珍视。据说美国人还玩了中国人一把，其紫貂，乃是用黄狼皮改制。即便如此，据鸿翔公司1946年间的报价，最高贵的皮大衣，正是美国的黄狼皮，要四千万元一袭，贵得令人咋舌。《申报》1946年10月7日的《上海妇女服装沧桑史》，就径以“黄狼紫貂来外洋，轻裘一袭四千万”作为文章之一节的小标题。

皮草成为时尚，便有人怀念古典。时尚有时像暴发户，古典则如贵族，贵族是看不起暴发户的。比如说，贵族是以穿得合时显示有钱，因为在他们看来，每一种皮服只有数星期时令，极容易误穿过时的皮袍。选择皮服的时候，是依季候而不依天气的。初冬穿小皮，开始先穿波斯羊皮，而后依次换穿紫羔、珠皮、灰鼠皮、灰鼠，然后改穿中皮——灰背、狐腿、日本剑，最后穿大皮——白狐皮、蓝狐皮、西

1936年上海静安寺路（今南京西路）上的西比利亚皮草店

洋狐皮、黑狐皮、紫貂；中下等人士惯常穿着羊皮和金银狐——一种把腹部和背部黄白部分细工联缀而成的皮，毛皮在衣缘和袖口露出半英寸，他们是看都不看一眼的；与暴发户们成日一袭紫貂相比，高下立判。（张宝权《中国女子服饰的演变》，《新东方杂志》1943年5月号）

因为在中国服装是阶级的徽章，民国以来大家乱穿一通，有些道学先生看不惯这种失序，还未免借古咒今说："七八岁的小孩也穿起皮子来了，我们小时候连丝绵也没有上过身，这样穿是要遭报应的——据说穿了狐皮是要出鼻血的，因小孩子的血气旺。"（东方蝃蝀《时装品评》，《幸福》1946年第1期）失序影响到可持续，诅咒在中国更有威慑力，皮草在后来的日子里，直到今日，终于没有成为时尚的主流，或因为此，更何况今日还有动物保护组织的存在。

张爱玲的奇装异服

奇装异服在民国服饰史上是一个聚讼纷纭的话题，而有一个最有名的奇装异服者，因其大异时流的奇异以及上海租界孤岛的特殊环境等，虽耸动时闻，仍能置身于是非之外，真堪称奇异。这人就是伟大的小说家张爱玲。

民国服饰史最精彩的文献，莫过于张爱玲的《更衣记》；张爱玲的一位好友甚至说，从这篇文章里学到的中国近代史，比哪里都多。张爱玲自己的穿着，也同样精彩绝伦。她在《童言无忌》中说，张恨水喜欢一个女人清清爽爽穿件蓝布罩衫，于罩衫下微微露出红绸旗袍，天真老实之中带点诱惑性。这是张恨水的理想，也是中国传统的魅惑之道。可是她不愿意。她很早就立下志愿："八岁我要梳爱司头，十岁我要穿高跟鞋，十六岁我可以吃粽子汤团，吃一切难于消化的东西。"她立意出奇。在《对照记》里，在晚年的一生回首中，她为自己做了唯一一次"自我命名"——"衣服狂"，为奇装异服终身不悔！

张爱玲到底怎么个奇法？存世照片中最奇的当属1944年出版的《流言》的封面照。据柯灵《遥寄张爱玲》的描述是："一袭拟古式齐膝夹袄，超级的宽身大袖，水红绸子，用特别宽的黑缎镶边，右襟下有一朵舒卷的云头——也许是如意。长袍短套，罩在旗袍外面。"这其实是她自编的话剧《倾城之恋》公演时出镜的照片。完全不讲曲线，不讲时尚，然而又无法说不时尚。奇！一种过时的奇。她还曾穿前清老样子的绣花袄裤去参加亲友的婚礼；也曾穿着自己设计的晚清款式的"奇装异服"去印刷厂校稿样，让整个车间一时怔住停了工；去拜访苏青时，在旗袍外罩了件前清滚边短袄，引得弄堂里的孩子们叫着

穿清式衣服的张爱玲

哄着在后面追赶；她穿西装，会把自己打扮成一个18世纪的少妇；她穿旗袍，会把自己打扮得像祖母或太祖母——脸是年轻人的脸，服装是古董的服装。她又曾以广东乡下婴儿用的刺目的大红大绿土布制成衣服，“仿佛穿着博物院的名画到处走，遍体森森然飘飘欲仙”，也是一种颠倒时光。

她的刻意好奇，也是为了一个梦想。因为小时候先跟着刻薄的后娘，后跟着拮据的母亲，没有好衣服穿，等有机会穿了，当然就放肆一把，“奇装炫人”。更是为了一种理念：“男子的生活比女子自由得多，但男装比女装不自由得多，然而单凭这一点不自由，我就不愿意做一个男子。不愿做男子，就为了享受穿红着绿的乐趣。”同时也还寄寓着对过往家族的缅想。她曾用祖母的一床夹被的被面做衣服，米色薄绸上撒黑点，隐着暗紫凤凰——“我没赶上看见他们，所以跟他们的关系只是属于彼此，一种沉默的无条件的支持，看似无用、无效，却是我最需要的。他们只静静的躺在我的血液里，等我死的时候再死一次。”

这些穿法，当然只有她自己发明，她自己设计。据说她的衣服都是自己设计好了交给上海的造寸时装店定制。她也曾试图为别人设计，如在杂志上刊登广告：“炎樱姊妹与张爱玲合办炎樱时装设计：大衣、旗袍、背心、袄裤、西氏衣裙，电话，三八一三五，下午三时至八时。”有没有人登门“以身相许”呢？不知道。尽管如此，她还是自恋于自己的设计，因为这是对母亲的一种怀念。在去世前一年出版的《对照记》里，她感叹她母亲自制皮革手袋计划的无疾而终：“当时不像现在欧美各大都市都有青年男女沿街贩卖自制的首饰等等，也有打进高价商店与大百货公司的。后工业社会才能够欣赏独特的新巧的手工业。她不幸早了二三十年。”她的记忆中还有母亲试衣学洋裁缝的影像。

这种穿着，岂是潮流时尚摩登笼罩得住的？还是胡兰成说得好：“她原极讲究衣裳，但她是个新来到世上的人，世人各种身份有各种价钱的衣料，而对于她则世上的东西都还未有品级。她又像十七八岁正在成长中，身体与衣裳彼此叛逆。”正是这种叛逆的自由，才称得上“民国世界的临水照花人”。

只认衣衫，不认文人

上海是民国时尚的中心。时尚的重压，使得上海人不得不变成只认衣衫不认人。所以，上海人重衣着，据说有一类人早晨到洗澡堂，把西服、衬衫、领带等全身行头交由澡堂代为洗熨，午饭也叫到澡堂吃，下午便里外一新出来。俗话谓“不怕天火烧，只怕掉水里”，要确保衣服的齐整。以至于上海人对自己的姊妹城市香港也作如是的观感：“‘香港是没有穷人的。’你也许听过‘老香港’这般说吧？这句话的发出，是说市民阶级的香港人，很要撑场面，纵然不吃也好，都要打扮得漂亮，来适应‘先敬罗衣，后敬人’的都市环境。”（郁琅《衣在香港》，《申报》1939年2月26日）事实上依香港人的广州脾性，哪会如此讲究。

只认衣衫不认人，习以为常了，也就见怪不怪。但如果遭遇了文人，尤其是大文人，难免要记在文字的账里。

最大的账记在鲁迅这里。他在《上海的少女》中说：“在上海生活，穿时髦衣服的比土气的便宜。如果一身旧衣服，公共电车的车掌会不照你的话停车，公园看守会格外认真地检查入门券，大宅子或大客寓的门丁会不许你走正门。所以，有些人宁可居斗室，喂臭虫，一条洋服裤子却每晚必须压在枕头下，使两面裤脚上的折痕天天有棱角。”这完全是因为他自己的遭遇，他不好直说；他对曹靖华说了，记在曹的文章《忆当年，穿着细事且莫等闲看！》中，文章说鲁迅有一次随随便便地穿着平常一身，到一个相当讲究的饭店，访一个外国朋友（美国名记史沫特莱），饭店的门丁，把他浑身上下一打量，直截了当地说：“走后门去!”这种饭店的“后门”，通常只供运东西或给“下等人”走的。他只得绕了一个圈子，从后门进去，到了电梯跟前，开电梯的把他浑身上下一打量，连手都懒得抬，用脑袋向楼梯摆了一下，直截了当地说："走楼梯上去！"他只得一层又一层地走上去。会见了朋友，聊过一阵天，告辞了。接下来才好玩，曹靖华记录了鲁迅对他说的原话："据说这位外国朋友住在这里，有一种惯例：从来送客，只到自己房门为止，不越雷池一步。这一点，饭店的门丁、开电梯的，以及勤杂人员等等，都司空见惯了。不料这次可破例了。这位外国人不但非常亲切而恭敬地把我送出房门，送上电梯，陪我下了电梯，一直送到正门口，恭敬而亲切地握手言别，而且望着我的背影，目送着我远去之后，才转身回去。刚才不让我走正门的门丁和让我步行上楼的开电梯的人，都满怀疑惧地闭在闷葫芦中。"

鲁迅之所以要跟曹靖华讲，曹靖华之所以要记，是因为曹当年初到上海，"土气的穿着，加之满口土腔，甚至问路，十九都遭到白眼"，真气不过。而最不上气的，是他的本家曹聚仁。1946年间，曹聚仁在上海穿了一身卡其布中山装赴宴，席间一贵客递碗过来让他盛饭——视其为陪客的伙计了，曹还真欲顺势当一回伙计。先前其在暨南大学教书时，一朋友偕家人来上海，他穿袖口破了的蓝布长衫往见，又执意请客，菜越上越丰盛，朋友的母亲便越来越着急——她以为曹聚仁是借请客为名蹭饭吃呢！

当然也有文人固穷的，其遭际记下来，才真有补世用。如漫画鼻祖之一的马星驰某个夏日一身长衫赴人宴请，主人请其宽衣，他硬是不肯——内里裤子破洞太多，靠长衫罩着；长衫也是借的。

只认衣衫不认文人不要紧，问题是那年头还有党国要员也穿得很土让你认错的，即使人家宽宏大量，你也会惊出一身冷汗的。比如说辛亥革命后第一任浙江都督汤寿潜，平时土布短褂、箬笠蒲鞋老农民装扮惯了，在任铁路局督办时，乘船（非专船，专座都不是）往龙华巡视工程，竟被同船的一商人视为小偷，一路讥刺，上岸见到列队欢迎的横幅，方大惊，长跪不敢起。又如，1921年王铁珊出任江苏省长时，乘坐四等车厢径自离开浦口津浦车站，让一众迎接的官员惊慌了半天，直到他到警局报案，说腰带被盗，其实不过一条破布条而已，众方恍然心安。

文人服饰的京派与海派

现代文学史上的京派与海派之争，是一个巨大的事件。文学之外，服饰方面，是否也有京派与海派之争呢？虽不能说很鲜明，总归还是有的。

流传最广的一个段子是，抗战前，如果你在北京遇见一个戴金丝眼镜，穿蓝布大褂、礼服、千层底鞋的人，问他在何处公干，对方通常会回答道："兄弟去年刚从美国回来，在清华园有几个钟头的课……"如果在上海，你见到这种身份的人，往往穿着笔挺的西装，夹着个大皮包，取出名片递给你：康奈尔大学工程博士，沪江大学教授，兼光华大学讲师……所以，在北京，你看大学者们，差不多都是传统的装扮。最有名的是陈寅恪，夏天一件大褂，加布裤子布鞋；冬天棉袍外套配黑面羊皮马褂，厚棉裤厚棉鞋，外加一顶"三块瓦"皮帽、长围巾。即使像胡适这样北京上海两头跑的人，也仅折中一点，蓝大褂配西裤，再穿一双半新不旧的皮鞋。对此海派的人肯定不习惯，如茅盾1921年初见胡适，便直言奇特："他穿的是绸长衫、西式裤、黑丝袜、黄皮鞋，当时我确实没有见过这样中西合璧的打扮。"

上海文人的西崽气，也颇让初出行的文人吃苦头。如作家许杰早年在宁波浙江省立第四中学教书时，跟风做了一身西装，实在没有什么机会穿，到了上海，必须要穿了，却不知如何穿：看见路人穿西装不扣，他也不扣；又看见有人扣子扣着，他又赶忙扣上，一时无所适从。周有光1923年常州中学毕业报考上海圣约翰大学时，需要西装照，借了一套西装也不知道如何穿，竟把领带和领结一齐打上。最感为难的恐怕还是郁达夫了。文人多落拓不羁，郁达夫也同样不讲究衣着，但一代名姝王映霞可是无法不讲究的啊！据王映霞在《郁达夫的衣着》一文里说："郁达夫自己不讲究衣着，因而也不许我穿着打扮，我穿的总是阴丹士林布旗袍，即使赴宴也是如此。有一次在杭州，我穿了一件咖啡色的绸旗袍，走出门口时，他看了我的衣服，就说，今天不去了。"如此这般，势必导致他们情感的冲突；最后劳燕分飞，或与此不无关系。

曹靖华于20世纪30年代亲身经历的蓝马褂与洋马褂的故事，最足反映京海服饰的轩轾。有一年他一身海派洋马褂到北平，朋友一见，惊慌地说："呀，洋马褂！不行，换掉！换掉！"曹氏立即换上了一件朋友的蓝大褂。不久，他又回到十里洋场的上海，见了鲁迅，坐定下来，正欲"大好倾谈"，"这时鲁迅先生忽然把眉头一扬，好像哥伦布望见新大陆似的，把我这'是非之衣'一打量，惊异地连声说：'蓝大褂！不行，不行。还有好的没有？'"——"南方之不行也，蓝大褂呀！洋马褂倒满行。还有好的没有？"为什么不行呢？因为此地不流行——北京不流行洋马褂，上海不流行蓝马褂。穿了反流行的衣装，自然引人侧目；对于像曹靖华这样的革命者，岂不是引火烧身？

香港人的服饰场面

民国时期，十分重视表面光鲜的上海人来香港观察，香港人说，我们是没有穷人的。这句话的意思是，殖民统治下的香港的市民阶级，完全面对外人，比上海人更要撑场面，纵然不吃得好，也要打扮得漂亮。（郁琅《衣在香港》，《申报》1939年2月26日）上海的记者循此观察，深以为然。尤其是旧历新年的几天里，挤在马路两旁的男人、女人和孩子，个个都打扮得十分堂皇，不是西装便是长衫马褂、花碌碌的旗袍、毛茸茸的皮大衣，各式俱备——从服饰上看，香港真是没有穷人。

香港人不仅穿得光鲜，还穿得时尚。香港的时尚主要来自电影。在20世纪三四十年代，影星舞星影响时尚潮流，但香港的影星不同于上海，香港当时还没有什么电影工业，香港人主要是看外片，香港人的服装，也跟着外国电影中的时尚转。所以伦敦、巴黎、纽约的新装，可以通过电影很快传入香港，不断变换香港时尚的花样，“譬如今天×戏院放影的影片里，丹尼朵嫔的大衣是没有纽的，明天便有很多香港小姐学他穿上没有纽的大衣，今天放影的影片里，罗拔梯拿穿的西装，后背是叠有很多接的，明天便有很多香港少爷学他穿很多接儿的西装。”

问题是，香港人穿得漂亮、讲究，每月受薪二三十块钱的人，怎样能够打扮得这样华贵漂亮呢？记者几经采访，发现了小市民先生们是有着他们撑场面的小秘密。譬如做西装，三十多块一套的西装他们断不会把整个月的薪水换一套，以后勒紧肚皮不吃饭。他们有所谓“西装义会”，办法是十个八个“志同道合”的朋友，大家组织一份五元或十元的义会，一切和普通义会一样，不过会友“标会”之后所得现款只用之“做西装”吧。这完全是广东人经商智慧的遗传。做会，做股份公司，都是广东人独创或首先引进的。如今用于解决西装的场面问题，那是小儿科了。而且，这西装会也是从早已开始的茶居的“月饼会”、腊味店的“烧腊会”那儿学来的。

需求决定公司的经营行为。消费者在做会，经营者开出按揭的方式；五六十年后，内地才开始与闻“按揭”一词。洋服店的按揭消费，即按分月清缴的办法便利顾客。比如，三十块钱一套衣服，做好之后，可以分六个月或四个月清缴。让“西装会”每月每份缴供若干元，更增强了港人应付场面的能力；在上海可未曾听闻这种方式。

为了适应香港场面服装的需要，香港人还开发出了比上海的当铺更合适的“故衣市场”。在上环大马路和油麻地上海街一带，有很多故衣店，主要卖当了但过期不赎，由当铺批发给他们店的“原当故衣”，以及有成衣店里客人定下但过期不取的“新退衣”。抗战军兴，尤其是上海淞沪抗战以后的一段时间，大量新旧西装积滞香港，一套全新的西装，六七块钱便可买一套，旧的二三块钱便可以买一套，男子大衣，五六块钱可以买一件，最华贵的也不过十多块钱；女子大衣更便宜，三五块钱一件的很不错，有着皮领、样子很新式的也不过十块钱左右，使香港市民因祸得福，大撑场面，也令上海来的记者们感觉香港真是没有穷人。

外谚说：“衣服做成一个绅士。”香港也是言必称绅士的，特区政府至今还保持着嘉奖赐封爵士绅士的制度。西装以及好好地穿一套西装，比之上海更有制度文化的需求与保障；香港人的商业智慧，也保障了这种需求，实不应与上海的“只认衣衫不认人”等量齐观。而且香港人优于上海人之处还在于，对于长袍的充分尊重。上海来的曹聚仁说，在香港，每一次集会中，总可以看到有几位穿长袍的；袍褂齐全，还做礼服看待。有一回他要在半岛酒店讲演中国的文化，可没戴领带，就不礼貌，不便登台。但是，穿上长袍，问题就解决了！

伪娘的服饰渊源

男扮女装的王献斋

当下的伪娘，在服饰上的特征，至少是女人化一些。其实，这种服饰之伪，乃男子之常心，只不过伪娘们表现突出了一点，便代了大多数男子受过，太不公平了。男子潜意识里也是希望能像女子那样穿得花哨一点，好看一点，就是希望回到童年时代吧——小孩子的时候，哪分什么男女；中国的传统，小男孩还要特别穿得像女孩呢！

服饰时尚的转变，有时也是从伪娘化悄然开始的。记得刚上初中时，国门初开，有在香港的亲戚带回一些花花绿绿的男装，我穷得没有选择，也只好拿来穿，被视为穿女生衣服遭人嘲笑了好一阵。可不久，赶时髦的男子，那才穿得真像个女人；赶时髦的女子，偏又穿得真像个男人。这种情形，在民国也上演过好几轮，张爱玲的印象，则停留在民初那一段，而且甚不以为然。她在《更衣记》里说道："男装的近代史较为平淡。只有一个极短的时期，民国四年至八九年，男人的衣服也讲究花哨，滚上多道的如意头，而且男女的衣料可以通用，然而生当其时的人都认为是天下大乱的怪现状之一。"

张爱玲这话说得有点过头。或许你也可以说，她作为一个作家而非学者，情有可原吧。男子而好女装，清末以降，就屡见不鲜。《点石斋画报》第4集第7期志瀛《诡计败露》开篇就说："迩来男扮女装层见叠出……"可以想见其时风气。有人便说，古时男女装束都差不多，妇女们的上衣，前垂及膝，后垂至股，衣袖也非常宽博，如男子装束，均是中规中矩的古制。只是后来男女有了分工的趋向，服饰就自然而然地随着变换。而在这种变化中，男子是占了大便宜，充分统治着时尚。因为"男子底事业越多，他底服饰越复杂，而且改换得快。女子底工作只在家庭里面，而且所做底事与服饰没有直接底关系，所以它底改换也就慢了"。只是到了晚近，女子服装渐渐短，渐渐短，仅及腰际，圆圆的双股，突露于外，曲线型变成为流线型，竟然女子走到时尚的前面了，这让男子觉得很是不爽。但在新时代，不能加以不敬之罪；作兴试穿一穿女式时装，既是平衡，也算是恢复男儿"本色"。包天笑老先生就作如是观，并说好在不久，西装兴起了，旗袍兴起了，所谓"男女衣服上，忽起一大革命，即男子本穿长衣者，忽而竟穿短衣，女子本穿短衣者，忽而竟穿长衣了。即男子本穿长袍，忽改西装，女子本穿短袄，忽旗袍是也"。（包天笑《六十年来妆服志》，《杂志》1945年第3期）这样一来，男子就可以公然穿所谓的女式时装了，也把张爱玲的"天下大乱"给归正了。

但是，如此归正之后，还是有人唯新的女装是尚。比如白相人（女里女气的男色人），总归要穿得像时尚女子一样。而许多良家男子，又想穿得像白相人一样时尚。最著名的，就是知名的作家林微音先生（此公曾逼得林徽音改名林徽因）。据施蜇存教授的回忆，林微音当年的举止颇有些白相气："夏天，他经常穿一身黑纺绸的短衫裤，在马路上走。有时左胸袋里露出一角白手帕，像穿西装一样。有时钮扣洞里挂一朵白兰花。有一天晚上，他在一条冷静马路上被一个印度巡捕拉住，以为他是一个'相公'（男妓）。他这一套衣装，一般是上海'白相人'才穿的。"如果把白相人去标签化，那就是今天的伪娘，林微音就是伪娘的前辈和模范。

昭君套：头巾还是帽

中国是衣冠古国，无论衣冠并称或者冠裳并称，冠总是必不可少。可是民国了，改制了，冠似乎不重要了，因而也少人谈了。尤其是妇女基本不用戴帽子，《新东方杂志》1943年5月号张宝权《中国女子服饰的演变》虽专立有一节，也完全是怀旧的点染。文章说："现代中国女子不戴帽子，但过去是戴的。所谓帽子不过是绕在头上的一条黑色缎带。清朝初期，这种帽子在额前的边缘是圆形的，后来渐渐蜕化成弧形，额前的正中，缀有帽饰，称做'帽平'，起始的时候一共有五颗，正帽上形成直下的一排。当帽子的形式变动时，帽饰也一颗颗减少，最后，帽的中央只剩下仅堪缀一粒珠子的细小地位，这也就是末了的一种式样。革命后，这种女帽便成为一椿逝去了的艺术。"不过，即便怀旧，也不如包天笑的"旧"更加值得珍玩："有一时代，女帽上全缀以珠子，名之曰珠兜"，"因为那时候，金刚钻尚未盛行于中国，妇女首饰中，最贵重的，便是珠子，当日明珠的价值，也不亚于钻石咧。"（包天笑《六十年来妆服志》，《杂志》1945年第2—4期）

至于张宝权提到一种昭君头巾，却不能简单地以怀旧论，因为它曾经那么标新立异，好莱坞也曾为之风靡："寒冷的冬季里，少女们戴着'昭君头巾'，名称的由来是取自纪元后一世纪时的宫女王昭君，她是历史上的美人。画面上的她，常骑着马，戴着羊皮头巾，一副沮丧的表情，一路向北去嫁给匈奴的可汗，这是中国的和亲政策。她那著名的头巾有哀斯基摩人的头巾那种庄严简单的性质，这种头巾在好莱坞已很盛行。"这种昭君头巾，又被作者说成是帽子："但十九世纪的式样很奇——一顶男子所戴的缎帽，四周围以毛皮，顶上有一大红毛球和一对紫色缎带垂在后面，带的盖头缝有金印，发出一阵铃的声响。”

我们再来看看张爱玲对于昭君帽的表述，你便会由衷地叹服。张爱玲《更衣记》说：“姑娘们的‘昭君套’为阴森的冬月添上点色彩。根据历代的图画，昭君出塞所戴的风兜是爱斯基摩式的，简单大方，好莱坞明星仿制者颇多。中国十九世纪的‘昭君套’却是颠狂冶艳的——一顶瓜皮帽，帽檐围上一圈皮，帽顶缀着极大的红绒球，脑后垂着两根粉红缎带，带端缀着一对金印，动辄相击作声。” 最好的表达是能遗形取神，张爱玲一下就抓住了昭君套这种帽饰的神髓——颠狂冶艳。历史上的大美女，无论如何美，如果没有一点颠狂冶艳，怎能抓得住帝王之心，又怎能引发后世男人的纷纷意淫——美女之于男人，大抵如是。昭君帽之所以能在好莱坞流行开来，也是因此。如果你还觉得太抽象，看过电视剧《红楼梦》的人，可以告诉你，凤姐着冬装时常戴的那种贴额头箍类的玩意儿，就是昭君套或曰昭君帽了。

再如苏州女子好用的网套，也可视为昭君套的别裁——也是那样的动人心魂。如《图画日报》第108号《结网套》说：“发髻用网苏州起，嵌空玲珑结来细。网牢云髻不使松，要令青丝结团体。妇女本有情网张，网罗男子入柔乡。而今自己投罗网，也为梳庄欲媚郎。”从铨伯的竹枝词——妆束趋时出大家，长裙短袄小皮靴。销魂最是风兜髻，斜插金巷押缎花——看，民初广州也曾经风行过一种兜套，不知是否为昭君套。

不过兜也好套也好，都渐渐地不时兴了。《星期》杂志1923年第42期蒋吟秋《帽史》说：“女子的帽子，也有几种，从前都用兜的，现在有一种兜帽，可惜戴的不大多。”因为现在流行的是自制的绒绳帽，式样虽不同，用的却不少。

昭君套虽只流行了一阵子，但也颇惹人怀想。如《图画日报》第85号顽《做兜套》戏言昭君套的式微，不是因为昭君套不好，而是因为没有了昭君的美貌，无法佩戴了：“廿年前尚昭君套，今日女界无此帽。想因女貌少昭君，戴时恐惹昭君笑。”我们今天再谈昭君套，是因为它在民国时代在好莱坞流行过；也不过数十年而已，时尚常常有复古的可能，那这种著名的昭君套，是有可能或者说应该成为今日的时尚。

从头再来：民国帽饰时尚

在著名的或者习见的民国服饰文献，如张爱玲的《更衣记》、包天笑的《六十年来妆服志》、张宝权的《中国女子服饰演变史》等的记述中，入民国后，传统的衣冠古制得到了根本的变革，帽子变得不重要了。有一段时间，人们确实兴之所至，仿佛抛帽庆祝般不戴帽了。事实上，帽饰在民国服饰史上，仍占着相当的地位。有一段时间不戴帽，也是因为“大家把发辫剪去，旧式的帽子不适用了”。而且过去最通行的两种帽子，一种是铜盆帽，一种是四周有边前面有呢制的鸭舌头便帽，都不适用了；而且那鸭舌头的便帽，质地虽粗，价钱却极贵，这倒为新帽的风行创造了条件。《星期》1922年第42期蒋吟秋的《帽史》，就大笔勾勒了民国后帽子时尚的演变史：先是帽子店里就把从前的帽子改良一下，制了一种尖顶帽子，可以折得小放得大，价钱既贱，又是国货，于是尖顶帽子风行一时了。隔了几年，又把尖顶帽子改成圆顶了，因为尖顶太觉难看，那圆顶的瓜皮帽又渐渐入时了。而圆顶瓜皮帽也从纱的、缎的、绒的增加了一种呢的。不久圆顶的帽子又渐渐不时兴了，又倒回平顶来；“其实平顶并不好看，无非帽店里翻花样罢了”。

尖顶帽子在刚刚流行的时候，一度还被视为奇装异服，引来了一片惊呼。如《图画日报》第77号的《社会竟戴尖头小帽之奇形》说：“瓜皮小帽之制，虽有软胎硬胎之分，而其式则向惟圆顶方顶二种，自北地行一把抓尖顶小帽后，于是沪上尤而效之。近则社会风行，戴者日众。其实状如昆剧中李逵所戴之纱壳帽，其仪态远逊方顶圆顶之大方，不知善戴者何取乎此！”记者还作了一首诗（套杜工部《登楼》诗）加以讥嘲："帽近尖头惊客心，万人多戴此邦临。沪江形色争奇锐，都邑方圆变古今。乡老烟毡终不改，伶人纱壳莫相侵。笑看店主装笼盒，日暮聊为把戏吟（沪谚有尖头把戏之言，故云）。"而其按语之中，也反映了此种帽的流行程度："记者虽不戴此帽，然戚友间度必戴者甚多，幸恕唐突也。"

尖顶帽之被视为奇装异服，也与中国人的传统文化心理有关——戴了尖顶帽，形似削尖脑袋，成了投机钻营的主儿，故为人所忌，一度还遭禁戴。《娱间录》1915年第13期有一篇游戏文章《尖尖帽冤白》，说的就是这档事儿。文章让尖顶帽喊冤道：因为得到某先生的赏爱，戴着进谒当道，没想到被寻开心，旁边的小吏又从旁而作祟，肆意丑诋，导致长官一声令下，榜示通衢，悬为厉禁，真可谓无端罹祸，情实难甘。其实我们尖帽一族之所以尚尖，并非好异，盖实在是为了好戴而已。别人真正竞于钻营的，你奈何不了，不去管，而拿我们来出气，

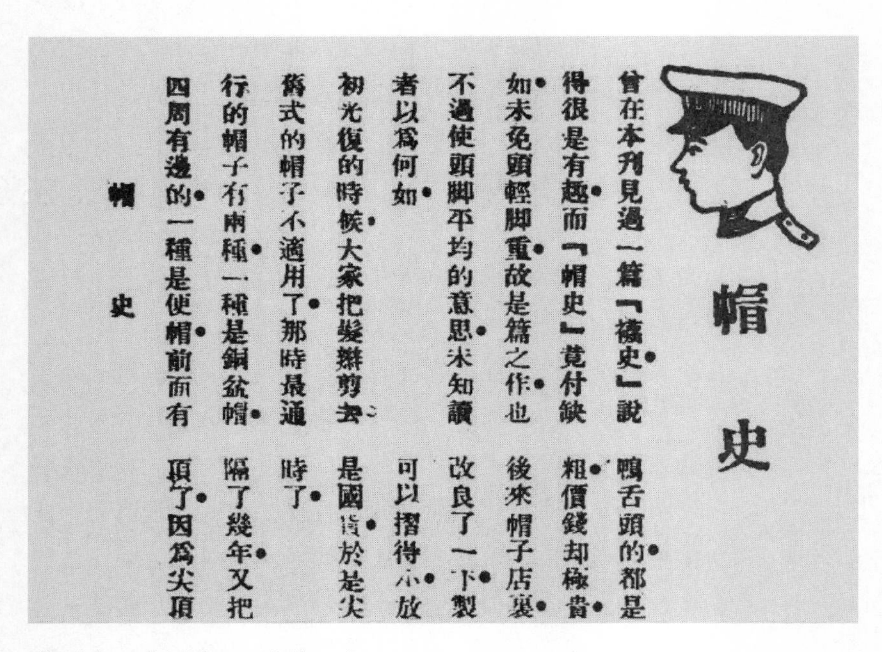
帽史

曾在本刊見過一篇『襪史』說得很是有趣•而『帽史』竟付缺如•未免頭輕脚重•故是篇之作•也不過使頭脚平均的意思•未知讀者以爲何如•

初光復的時候•大家把髮辮剪去•舊式的帽子不適用了•那時最通行的帽子有兩種•一種是銅盆帽•四周有邊的•一種是使帽前而有

鴨舌頭的•都是粗•價錢却極貴•後來帽子店裏改良了一下•製可以摺得小•放是國貨•於是尖時了•隔了幾年•又把頂了•因爲尖頂

帽史

《帽史》，《星期》1922年第42期

游戲文　38

與火官作對付諸一炬休云錢力可通神

軍粟老棣霙右

尖尖帽冤白

白冤人尖帽情因尖帽去歲見賞於某先生繼復因稿之員突從旁而作祟指爲陋俗醜詆萬分榜示通既已日損其伏處人家者尤不敢出而涉世名譽利以尚尖者非好異也蓋所以適首耳今世之士羣相恐不能如錐末之立見今政府於首之尖者置而不爲非古耶則官場所歡迎之高帽子亦未嘗見御於巾又胡不出示以嚴禁欲適用則難易尖而爲圓欲遭奇辱呼籲無門當世不乏主持公道之士聞余之

戲擬某某償還淫債廣告

敝邦素號淫國見於各報早播全球以故平日經營路過貴邦遠離鄉土就便取給賒欠頗多當經先事認息惟是道遠則往復過勞年久則利息尤重茲爲了此債務不待索討先期籌還不須登門自行奉繳

《尖尖帽冤白》，《娱间录》1915年第13期

怎能让人服气？“度理准情，进退无据，横遭奇辱，呼吁无门，当世不乏主持公道之士，闻余之际遇，必有为之扼腕不平者矣！”

值得注意的是，这种时尚尖顶帽起自北方而非时尚的中心上海，大约一方面北人更须戴帽，另一方面，这种改变也胎息久之。早在鼎革之前，清廷为了忽悠民众，口号变革，并派皇亲国戚放洋考察；就在考察过程中，传统的帽饰让他们受了窘。如涛贝勒某日“在某国赴宴，身著军服，以辮盘于顶，覆之以冠，适某大臣赴席，恰于摘帽致敬时，辮发下垂，真影竟作杯蛇矣。座中某女公子，乃作嘤咛笑。故贝勒甫回国，即向监国陈辮发亟宜速除，免致招笑”。（《贵胄赴筵殷殷脱帽》，《图画日报》1910年7月19日第364号）剪发则必易冠，无奈兹事体大，自是无果，但异日新帽之制已兆。

剪发易服，旧帽不宜，新帽暂缺，只能找外国人的帽子来将就，于是惹出了许多滑稽。在这滑稽关头，《时报》创设《滑稽时报》增刊，第1期便刊发失名的《绿帽考》讲这档滑稽事儿："近时人剪发之后，戴中国便帽不适观，因戴外国便帽。外国便帽多用绿色，不惯者，咸以绿帽呼之。"元人统治中国，没什么文化，就特别重视外在的分别；在人种方面区分了四种，在人群方面也规定娼妓的亲属要戴绿帽。这可是明定为典章，著之于律令的。《元典章》"至元五年准中书省札"记载："娼妓穿着紫皂衫子，戴角冠儿；娼妓之家长并亲属男子裹青头巾。"其实，元人这种规定并非全无文化，因为早先汉唐的中国人也曾以戴绿帽子为贱辱之行。如唐朝李封为延陵令，惩罚属吏，罪不加杖，"裹碧绿以辱之"。《汉书》里也有类似的记载。

因为这绿帽子，随时遭人调侃。如《图画日报》第60号有一篇《卖帽刷》的广告文字："帽刷猪鬃做，真是当家货。爱洁之人不可无，刷刷帽儿去灰土。帽儿灰土可刷去，不必弹冠真有趣。"最后竟也拿绿帽子开涮："只恐世人若戴绿头巾，刷他不净深堪虑。"

有意思的是，早期流行的尖顶帽，还曾因国人的社会文化心理而遭忌遭禁，绿帽子却未闻遭过什么正经的"打击"。在《娱闲录》1915年第13期《尖尖帽冤白》这篇游戏文章中，尖顶帽就曾以自己的遭际对比绿帽子而甚感不平："谓尖帽为乱俗耶，则今日最普通之绿头巾，又胡不出示以严禁。"一句"最普通之绿头巾"，可见当时风靡之甚，然法不责众，俗难纠众。绿帽子的风靡一时，也堪称服饰史上的奇观。

民国时期，头戴女式绒帽的少女

因为尖顶帽遭诟厉，几年之后，又回复到圆顶的瓜皮小帽。瓜皮小帽，民国前后都有时兴，因为是皮货（当然也还有纱、缎及呢的，而以皮货为正宗。见蒋吟秋《帽史》，《星期》1922年第42期），比较贵一些，戴之者多少有些来头，中国好像又向有仇富仇贵的传统，因之被调侃讥讽在所难免。如《图画日报》第80号《刷帽子》云："瓜皮小帽容易旧，半是灰尘半油垢。摊头有法刷得清，整旧如新真不谬。我闻洗刷手段官场工，能使贪污化为廉与公。何物摊头亦具好手段，竟将洗刷弄神通。" 对时尚的女帽——兜套的讥讽也不留情面："兜套近来制法工，七龙九龙十三龙。嵌线越多价越贵，各把手法夸玲珑。廿年前尚昭君套，今日女界无此帽。想因女貌少昭君，戴时恐惹昭君笑。"（顽《做兜套》，《图画日报》第85号）真可谓讽刺辛辣，左右开弓。

转年之后，继瓜皮帽而兴起的毡帽，更多西方元素，制作也更讲究，刺讥的舆论也更强烈。如《图画日报》第193号顽《滚毡帽》仿唐诗《贫女》写道："山东好毡帽，一滚愈加好。熨得缎条平，莫教线脚吊。频频刺动毡帽针，绿窗贫妇暗沉吟。他人毡帽侬来滚，自己科头冷不禁。"

民国剪发之后，还兴起了一种不戴之帽——押（压）发帽。这是因为剪掉辫子，头发成了"鸭屁股"，用上了司丹康、生发油之类，梳得很是整齐光亮，所以临睡的时候，必须戴新制的压发帽，以保持形状。对这种新式帽子的调侃，更是恶毒："道是幞头，不是幞头，道是网巾，不是网巾，美其名押发帽，肖厥形，风流套一般也。会投时所好，真个有些莫名其妙。人言时髦，少年头上押发帽，即系烂污婊子脚下破袜套，沿街收买破丝袜，戴长补短做押发，本是脚下的东西，一旦跳上了头皮，今朝风头足，昨日出身低。噫，是何足奇，是何足奇。"最后也不约而同地引向当政官僚："民国官僚多如此，今日在云昨日泥。袜变帽儿理亦宜。"（程瞻庐《押发帽赞》，《红玫瑰》1925年第1卷第48期）

一帽关乎国运

谁说民国时尚不戴帽？初时固不戴，是因无帽可戴，后来便不仅戴，还曾大戴特戴，拣进口的戴，直戴得人惊呼：如此利权外溢，关乎国运了！

鼎革之初，剪发易服，当然也要易帽；这时的帽，多是装饰的意味，少有实用的功能，如《协和报》上的一篇文章说："华人既然剪发更发饰，便爱戴外国之帽。"确是把帽当作发饰了。当时的国际潮流，也有以帽为饰的。如《星期》杂志第29期妙因的《帽与伞》说，巴黎的妇女时时变换衣饰，新近流行一种小型遮阳伞，同时流行一种宽边大帽，其帽之大与其伞之小却变成差不多大小，逐渐地合二为一，伞帽不分。

民国初期服装，以东洋为尚，帽也是以东洋货为首选。当时驻日本香港总领事伊麦氏（音）的一份报告说，辛亥革命前的1908年，假道香港进口的日帽共计价值日金1万元，而辛亥革命后一年的1912年，便突增到40万元，四年之间增加了40倍，"可想中国喜用日货之心理矣"。问题是，在许多人看来，日货品质低劣，以大量进口的日本草帽而论，远不如本国所造如天津吴金印之藤草帽、闽粤之蒲草帽以及各地之凉帽货精价廉，让人感叹"诚不知国人是何心理"，"如此不知求实，唯虚名是图，以致日本劣货输入不绝，利权之外溢日甚一日，此诚大可忧者。"（《日本帽之盛行于中国》，《协和报》1914年第4卷第24期）

东洋过后是西洋。十年过后，《星期》杂志1922年第42期蒋吟秋《帽史》说："现在又时行了一种秋帽，颜色各各不同，而以青灰色的最多，可惜大都西洋货，戴用的人却不少"。西洋货的时兴，还因为"近几年来，抵制东（洋）货，我国草帽公司也渐渐改良了，也仿照秋帽式的草帽，不过一二年就要发黄罢了，”所以还是西洋货好。

需要说明的是，起初国人所好的东洋帽，多是草帽凉帽之类，呢帽自非西洋莫属。一些本土的制帽厂，打的广告，便往往强调不让利权外溢以博招徕。如《小说日报》1921年3月27日“冠华帽庄”的广告自吹其自共和告成，即首先创制各种西式草帽、呢帽及礼帽、通草帽等，“尚希各界注意购用，以免利权外溢”。其实，十年之后，《时事大观》在综述1933—1934年上海帽业情形时，说各国货工厂因提倡国货运动得到一定的发展，但在呢帽方面，因国产羊毛未能得科学制造之奥妙，提炼后纤维质之韧软不如澳洲所产，行规是进口帽坯，再略加装饰而已，因此，“虽云国货，实为外货之推销员耳”。即使有些工厂自制帽坯，如首自制国产呢帽的上海呢帽厂，声称其产品均由陕西国产羊毛织成，式样极为美观，质料精良，尤属耐用，足以抗衡舶来品，其实也只是差强人意，不过是希望“爱国人士尤应乐用”，以增销路而已。（《商业杂志》1927年第2卷第2号）所以舆论便上纲上线，“甚望国内科学家，对于羊毛之提炼，深讨研究，以贡献于时代之急需，而造福邦家也”。

而方此之际，帽业日趋兴盛，仅沪滨一隅，就有草帽厂约六七十家、呢帽厂十余家，年产草呢帽五百万打以上，其他如缎纱帽及孩童帽等传统帽饰，数量更加可观，让人觉得“吾国帽业前途实蓬勃生气焉”，亦足见帽子在民国服饰的地位不可轻忽。当局也将帽业视为国家实业的重要方面；《国际贸易导报》1932年第4卷第5期的《国内重要实业调查》，选取的对象就是寰球制帽厂等新型制帽工业。到了这个份上，说一帽关乎国运，也就顺理成章了。

洋线袜的革命

前面说过丝袜是民国永远的摩登，但丝袜之前，洋线袜的故事也很值得一提。此外，丝袜与高跟鞋的关系和穿不穿丝袜，甚至穿不穿袜，都颇有故事。

在以洋为尚的民国，舶来的丝袜是众所周知的，但丝袜之前还有一种洋线袜，恐怕多有不知了。据《妇女时报》1916年第18期虹《海上妇女新装观》说，以前，国人尤其是妇女之袜，基本上是手制的。后来洋线袜传入了，结实好用，价钱也不像后来的丝袜那么昂贵，真可谓价廉物美，因而变成通用的大路货。现在的纯丝洋袜，袜薄如蝉翼，贴肉如生，筒也能高能低，真可谓美轮美奂，却无法像洋线袜那样视如国产，穿得心安理得。因为每双丝袜值一元左右，是以前手工布制袜的二十倍以上，大大地挤压了国民生计。其实细一算账，恐怕洋线袜更挤压呢；洋线袜大家都穿，洋丝袜只有少数人穿，这在中国，肯定遭反。

循此，我们往前追溯当日洋线袜的光景。一搜检，果然可观。如《图画日报》1909年第77号顽《卖线袜》说："线袜有丝亦有绒，丝宜夏日绒宜冬。此袜皆自外洋织，可大可小多精工。"虽然后面也讲到"我国京广亦有著名袜，销场渐渐受挤轧"，但作者并没有做民粹状地反洋线袜，而是很开明地"一言谨告袜店官，胡不赶紧改良仿西法"。此后洋线袜的发展，就如已成中共机关刊物的《新青年》第7卷第6号《织袜业》所言："我们所穿的新式袜子，大家都叫他洋袜，向来都买外国货。民国初年，满街都是日本货。后来买到许多织袜机器，自己织造。后来又有高昌机器厂，自己制造机器，因此织袜业更见发达。在民国六年的时候，东洋袜子，已经抵制尽了。到了现在，上海手摇机器袜厂，共有一百余家。”至此，洋袜也就名洋实土，大家都不介怀，以至于我们今天都不甚了了了。

其实从袜史上讲，洋线袜引入带来的革命性影响，并不亚于丝袜。要知道国人从前是穿布袜的，这布袜的真身，我们从影视剧的红军、京戏的副末角色的打扮以及当今部分和尚道士的装扮上可以约略窥见。当年当然没有剧中这么好，这在当时都属于洋布袜了；从前的土布袜，因为布料不好，宽大非凡，也不大容易洗得干净。而洋布袜颜色比土布白，质地比土布细，袜梁是用缝衣机器缝的，因此紧致宜人。其中的一种和兰布制的和兰袜，最受欢迎；妙因的《袜史》（《星期》1922年第20期）说，当时上海五马路一带的袜店，不知有多少这种洋布袜，有短有长，短的更为流行，尤得小伙子们青睐，风靡一时，被老先生们目为用夷变夏，而在袜史上，却可谓起了一个大革命。

这个革命，小伙子们可是受了巨惠。试想从前，到了冬天，看着老先生们穿着太累赘的棉袜，两脚显得肥肿不堪，都宁愿忍寒不穿。如今不仅有得穿了，绒布袜、毛冷袜、羊毛袜都渐次地穿上了，有一阵子，真是脚踏实地地感觉到现代了。此后，要是再有人穿旧式的袜，大家都要说他是个阿木林（上海话“土老帽”之意）了。殊不知，在“文革”期间，笔者自己以及同时许多其他人竟也返古当过一段时期的阿木林呢！

如果穿袜这么讲究，一些不拘形骸者会想，干脆不穿好了。也是，在最初的时候，国人就以不穿为敬。清代大儒赵翼《陔余丛考》说：“古人以赤脚为敬，人臣上朝，皆脱袜致敬，此风至春秋犹然。”并举《左传》的例子说：“卫褚师声子，袜而登席，公以为不敬。声子辞曰：‘臣有足疾，见之恐呕，故不脱袜。’”今天好多男男女女，皆以赤脚为尚，真是古风盎然。

闺女穿上了别人做的袜

关于女子的袜的描写，最抓人的，大约是曹植《洛神赋》里“凌波微步，罗袜生尘”这一句了。然而，汉唐闳放，魏晋更任自然，女子的袜，大约是容易看到想到的。到了后来，女子缠足，足与袜皆秘不示人了。元人伊世珍《瑯嬛记》的故事说，“木寿问于母曰：‘富家女子必缠足何也？’其母曰：‘吾闻之圣人重女，而使之不轻举也，是以弃其足。故所居不过闺阈之中，欲出则有帷车之载，是无事于足也。’”原来缠足除了变态的美，还为了变态的圣人之教——“弃足”以防闲，如何会让你看得着。足既看不着，袜更看不着。因为各人缠得不一样，袜也无法假手他人，只能自制，所以香闺中女子到底穿什么样的袜，是无由从市面上窥见的。妙因的《袜史》还进一步补充说：“缠足的女子，他里面还有裹脚带，外面的袜于宽紧上很有伸缩的余地，所以非自制不可。”因此之故，袜在民国以前的服饰史上，甚无声名与地位，以至于今日颇赖食古的人，容易忽略民国袜史的精彩。

缠足时代女子的袜没有出过大风头，因为女子不肯被人家瞧见脚，便是瞧见脚也要先瞧见鞋子，而袜还在鞋子包围中咧。即使后来穿上了时尚的黑丝线切梁白纺绸袜，仍然如衣锦夜行不待人见；时人的记录说，就只有赛金花那一双白绸底子绣黑蝶的袜，因为要脱袜明志，才亮袜于人。名著《孽海花》“脱黑蝶袜志士遂心”那一回讲的就是这个故事。所以，女子公开的袜史，实在很短，大约可以说肇兴于民国之际，而大兴于新一代放足女子成长起来之后。这时候，丝袜来了。那时节的丝袜，颜色种类繁多，大红的、粉红的、玫瑰紫的等浓厚的颜色都曾很流行，到20世纪30年代，才慢慢地黑白化；唯北方显得土，粉红的继续流行，大红的下等娼妓还穿。

然而，丝袜只宜于春秋佳日，冬夏都不甚相宜，尤其是冬天穿丝袜，哪里抵得住老西北风，所以当年爱美的女子多有生冻疮的；有挨不住的，又开始穿自家编织的绒头绳头袜御寒，时兴的旗袍也可以稍资补救。那时节缠脚的女子到底还没有绝迹，她们也抗不住时尚的魔力要穿丝袜，却为难了外面隐隐露出的裹脚带，即使弃带用袜套，也未必雅观，便有人主张，折中一点，穿穿洋纱袜如何呢？也正有穿不起丝袜，或者嫌丝袜太不经穿，或者嫌丝袜太出风头而穿回洋纱袜的人，认为这才是主流的袜。在那个年代，丝袜属于奢侈的时尚。

民国年间，中国女子还是要防止皮肉直接暴露于外的，这对裙子下摆的升降，带来了重大制约；这时候，新兴的丝袜可帮了大忙。我们都知道，打旗袍从早先的以保暖与方便为主的男式的袍子向轻薄时尚的女式裙装转型以后，就长短不定，所谓不长不短不时髦；如果没有丝袜，是难以如此的。旗袍提高一分，丝袜就做长一分；旗袍缩短一分，丝袜也可以缩短一分。较之传统的纱布袜，丝袜长短皆宜，断不会走样。至于其他的裙子，就更有赖于丝袜了；也包括部分裤子。妙因的《袜史》也说："夏天女子往往穿一种长统丝袜，直到大腿以上，这是为裤管及裙子太短的缘故，恐防露出膝盖的救济法。"

东服西渐

20世纪中国的服饰时尚，几乎全盘以西方为尚。这让许多保守派人士十分恼火。一句“咱们古已有之”虽可聊以自慰，毕竟不足以解恨；如果中国的服装像中国的饮食那样，风靡西方，那敢情好，而且还可以挽利权于外溢。所以媒体就积极捕捉相关信息，而终有所获。如《紫罗兰》1926年第1期谈紫电《美国女子之华装热》说：“美国女子崇尚奢华。即以服装一道而论，勾心斗角，提倡不遗余力，无不极尽妆饰之能事。”斗到后来，斗无可斗，发现中国传统服装可以成为竞争新优势，于是“近忽趋于华装。一般社会之花，身衣华服，出入交际场中，顾盼自雄”。以至于作为时尚风向标的好莱坞的电影明星“亦莫不争先恐后竞制华服，而以女星陶乐斯柯丝得罗与汉伦柯丝得罗为尤，盖美国艺术界之姊妹花也。陶乐斯即轰动全球之名片《名人心》（一名唐琼）主角，终日与其妹汉伦形影不离，异常亲密。两人均喜御华服，家中特辟一室，举凡一切器具及装饰品悉为中国式。每当夕阳西下时，两人辄身衣华服憩居室中……”在好莱坞的带动下，“一时且有提倡华服运动之举，当地成衣肆中，亦特聘用华人为顾问指导一切，对于华服务求新颖华丽，薪金在所不计也”。

十年之后，《玲珑》杂志1936年第6卷第33期《美国女子渴慕中国女装》说起美国女子之好华服，还是出于好奇，而且这次的好奇，竟是起源于梅兰芳的男扮女装之戏服女装，则中国女装，在现代感和流行元素上，实在没有多少创新领先之处。文章说：“美国人是世界最好奇的民族，他们有最灵敏的感性，对于古怪的东西一致赞美。数年前，我国的梅兰芳在美国大出风头，并非能鉴赏梅氏艺术，不过见中国男人装扮了袅袅娜娜的女子在舞台上出现，觉得好奇罢了。”这样看来，又不只好其奇，更好其怪了。其又说：“最近，据说美国女子也赞美中国女装起来了。这种风气或行在美国女学生群里。她们很喜欢看中国女子穿中国旧式服装，也喜欢借穿中国衣服，还喜借了中国衣服去拍照。”这层好奇，广东人似与有荣焉。北美华侨基本上是广东人，而海外广东人之保守——说好听点是保守宗风——是有名的，穿着上多具古风；那些女学生所借的衣服，大抵出自广东华侨。而国内广东人倒是西服的急先锋。对这种内外有别的互相喜好，彼此早经注意到了，清末民初有崔海帆者以竹枝词记其事曰：“东方人好饰西方，绸缎绫罗似滞场。厌旧喜新同一概，美洲士女又唐装。”

然而，凡此种种，大抵属于隔岸观火。与其说摩登东渐，或者不如说是可怜的华侨们食古以寄情。有人在美经数月观察发现，“侨胞营业及生活恰与国内相反。例如在华人开设衣铺内常见百年前阔袖长袍女式古装衣服陈设在内”，还在高兴节日“把古服穿上，招摇过市”。而且有一次还趁美国杜鲁门总统夫人到三藩市时，赠以古服，便兴出所谓的“杜夫人初试华服”的噱头来。（《古式服装与中国文化》，《中美周报》1948年第301期）似乎凭此就可以大做文章，谓之东服西渐。

如果没有什么文化传统与底蕴的美国人好华服是猎奇，那老大帝国英国人的喜欢，倒更多几分真心，尤其是新兴的旗袍，颇合于崇尚古典风韵的英国；当然不适于新兴的豪放的美国。所以《妇女月报》1936年第1期《英妇女风行中国服饰》，在概说中国妇女的衣着，也颇为一般英伦的时髦妇女所欢迎之后，重点转到推介旗袍上来：“某一新装杂志，特出一册‘中国衣’专号，各妇女杂志与新装刊物，都是每期至少有一二页，专论中国式的旗袍、披背等等的。”而且真正地穿起来，走出去，如在夜总会中，就会出现有不少穿着中国式的绯红的、黑绿的、菜青的，或是橙黄的绣花旗袍的女子，而不像美国女子只是照照相，摆摆样，或者在节日里作兴玩玩。据说还有英国女子特地觅购中国的二英寸阔的花边，钉在自己的服装上，以为美观的，那真是有心了。又说平跟的缎面绣花女鞋，也大为伦敦妇女所欢迎，职业妇女纷纷购用，说是行走便利而舒适。

英国人之喜欢华服，倒不是因为中国人的推介；中国人也未必有这种意识去做这种推介。这种风尚的胎动，源于中国当局在伦敦办了一场中国文物展览，一下镇住了好古的英国人，使其对于中国的古文化，“有了一种意外的认识，暂时的静止下了‘发辫’‘小足’‘土匪’‘抽大烟’等喧扰，而一致地赞叹看中国美术的伟大之处，同时，还都以家中放几件中国古玩，身上挂上一些中国饰物为荣”。确实，民国时期，中国学界尤其是考古界，颇多杰出之士，也颇多重要发现，而为外人瞩目。此外，中国货的价廉物美，也是重要的推手，如每双鞋，只卖八先令至十二先令，喜不喜欢都可以买两双回去玩玩，外界大可据此吹嘘成风尚。

相对而言，老美玩的，就像它的好莱坞，要花俏一些。如后来他们祭出奇招，邀请中华文化的象征人物——世袭衍圣公，同时也是国民政府参政员的年仅29岁的孔德成，赴美研究推广华服时装，也只能是奇招。不过这衍圣公不愧为“圣人”，投美国人所好，与美国人一道研究妇女时装，并且还说：“美国女人现在所穿的服装，在中国千余年前就风行了！”当然不是信口开河，而且引经据典，多方引证，“使美国人敬佩其学问渊博，并羡慕我国文化之久远”，为中华服饰文化大大地长了脸。但反讽的是，“这位小圣人一向对服装很注重，他在国中就不喜穿长袍马褂，平常着的都是西装革履，这等道地的‘夷服’，不知他亦有所考据，是否中国在几千年前就风行了？”（原子《孔德成在美研究时装》，《大地周报》1947年第103期）

如果说东服西渐有些牵强，那么上海摩登风靡南洋，倒是真可聊以自慰。时人记录说：“近年来女子采用旗袍（初称‘上海装’者）逐渐加多，各处有同样的趋势。在东印度，特别是建源公司所经营的国货展览会（泗水与三宝陇）以后，‘上海装’逐渐的普遍。”（陈达《南洋华侨与闽粤社会》，商务印书馆1939年）于此也可见出，上海还是堪做国际时尚中心的。

/ 延伸阅读 /

童言无忌

□ 张爱玲

…………

穿

张恨水的理想可以代表一般人的理想。他喜欢一个女人清清爽爽穿件蓝布罩衫，于罩衫下微微露出红绸旗袍，天真老实之中带点诱惑性。我没有资格进他的小说，也没有这志愿。

因为我母亲爱做衣服，我父亲曾经咕噜过："一个人又不是衣裳架子"！我最初的回忆之一是我母亲立在镜子跟前，在绿短袄上别上翡翠胸针，我在旁边仰脸看着，羡慕万分，自己简直等不及长大。我说过："八岁我要梳爱司头，十岁我要穿高跟鞋，十六岁我可以吃粽子汤团，吃一切难于消化的东西。"越是性急，越觉得日子太长。童年的一天一天，温暖而迟慢，正像老棉鞋里面，粉红绒里子上晒着的阳光。

有时候又嫌日子过得太快了，突然长高了一大截子，新做的外国衣服，葱绿织锦的，一次也没有上身，已经不能穿了。以后一想到那件衣服便伤心，认为是终身的遗憾。

有一个时期在继母治下生活着，拣她穿剩的衣服穿，永远不能忘记一件黯红的薄棉袍，碎牛肉的颜色，穿不完地穿着，就像混身都生了冻疮；冬天已经过去了，还留着冻疮的疤——是那样的憎恶与羞耻。

一大半是因为自惭形秽，中学生活是不愉快的，也很少交朋友。

中学毕业后跟着母亲过。我母亲提出了很公允的办法：如果要早早嫁人的话，那就不必读书了，用学费来装扮自己；要继续读书，就没有余钱兼顾到衣装上。我到香港去读大学，后来得了两个奖学金，为我母亲省下了一点钱，觉得我可以放肆一下了，就随心所欲做了些衣服，至今也还沉溺其中。

色泽的调和，中国人新从西洋学到了“对照”与“和谐”两条规矩——用粗浅的看法，对照便是红与绿，和谐便是绿与绿。殊不知两种不同的绿，其冲突倾轧是非常显著的；两种绿越是只推扳一点点，看了越使人不安。红绿对照，有一种可喜的刺激性。可是太直率的对照，大红大绿，就像圣诞树似的，缺少回味。中国人从前也注重明朗的对照。有两句儿歌：“红配绿，看不足；红配紫，一泡屎。”金瓶梅里，家人媳妇宋蕙莲穿着大红袄，借了条紫裙子穿着；西门庆看着不顺眼，开箱子找了一匹蓝绸与她做裙子。

现代的中国人往往说从前的人不懂得配颜色。古人的对照不是绝对的，而是参差的对照，譬如说：宝蓝配苹果绿，松花色配大红，葱绿配桃红。我们已经忘记了从前所知道的。

过去的那种婉妙复杂的调和，惟有在日本衣料里可以找到。所以我喜欢到虹口去买东西，就可惜他们的衣料都像古画似的卷成圆柱形，不能随便参观，非得让店伙一卷一卷慢慢的打开来。把整个的店铺搅得稀乱而结果什么都不买，是很难为情的事。

和服的裁制极其繁复，衣料上宽绰些的图案往往被埋没了，倒是做了线条简单的中国旗袍，予人的印象较为明晰。

日本花布，一件就是一幅图画。买回家来，没交给裁缝之前我常常几次三番拿出来赏鉴：棕榈树的叶子半掩着缅甸的小庙，雨纷纷的，在红棕色的热带；初夏的池塘，水上结了一层绿膜。漂着浮萍和断梗的紫的白的丁香，仿佛应当填入《哀江南》的小令里；还有一件，题材是“雨中花，”白底子上，阴戚的紫色的大花，水滴滴的。

看到了而没买成的我也记得。有一种橄榄绿的暗色绸，上面掠过大的黑影，满蓄着风雷。还有一种丝质的日本料子，淡湖色，闪着木纹、水纹；每隔一段路，水上飘着两朵茶碗大的梅花，铁画银钩，像中世纪礼拜堂里的五彩玻璃窗画，红玻璃上嵌着沉重的铁质沿边。

市面上最普遍的是各种叫不出名字来的颜色，青不青，灰不灰，黄不黄，只能做背景的，那都是中立色，又叫保护色，又叫文明色，又叫混合色。混合色里面也有秘艳可爱的，照在身上像另一个宇宙里的太阳。但是我总觉得还不够，还不够，像 Van Gogh 画图，画到法国南部烈日下的向日葵，总嫌着色不够强烈，把颜色大量地堆上去，高高凸了起来，油画变了浮雕。

对于不会说话的人，衣服是一种言语，随身带着的一种袖珍戏剧。这样地生活在自制的戏剧气氛里，岂不是成了"套中人"了么？（果戈里的"套中人，"永远穿着雨衣，打着伞，严严地遮住他自己，连他的表也有表袋，什么都有个套子。）

生活的戏剧化是不健康的。像我们这样生长在都市文化中的人，总是先看见海的图画，后看见海；先读到爱情小说，后知道爱；我们对于生活的体验往往是第二轮的，借助于人为的戏剧，因此在生活与生活的戏剧化之间很难划界。

有天晚上，在月亮底下，我和一个同学在宿舍的走廊上散步，我十二岁，她比我大几岁。她说："我是同你很好的，可是不知道你怎样。"因为有月亮，因为我生来是一个写小说的人。我郑重地低低说道："我是……除了我的母亲，就只有你了。"她当时很感动，连我也被自己感动了。

还有一件事也使我不安，那更早了，我五岁，我母亲那时候不在中国。我父亲的姨太太是一个年纪比他大的妓女，名唤老八，苍白的瓜子脸，垂着长长的前留海。她替我做了顶时髦的雪青丝绒的短袄长裙，向我说："看我待你多好！你母亲给你们做衣服，总是拿旧的东拼西改，哪儿舍得用整幅的丝绒？你喜欢我还是喜欢你母亲？"我说："喜欢你。"因为这次并没有说谎，想起来更觉耿耿于心了。

…………

（选自《天地》月刊 1944 年第 7、8 期合刊，有删节）

服装趣语

□ 不问

住在上海的人对于服装是有相当考究的，这是甚么道理，只可把一句俗谚来表示一下：佛靠金装，人靠衣装，只重衣衫不重人！

身上穿着四两头，家里煨着火石榴。上海人考究服装，所以成衣铺，比烟纸店还要多。但是上海的成衣铺，向来不用“上海”二字来号召的，却拿“苏广”二字，作为独一无二的商标。一位初到上海朋友，到处见了“苏广成衣铺”的招牌，不禁惊奇道：“怎么？苏广成衣的营业，真发达？竟有如是多的分店？”其实，上海开埠以后，苏广两地的人，来者最多。广帮别有风格，所以另有广帮裁缝，占着地位，其他如宁绍人，也不在少数。但是衣服和苏帮差不多，所以苏帮裁缝，也占有极普遍的势力。当时只有广帮裁缝，可与苏分道扬镳，后来因为这种历史关系，所有上海的成衣铺，非加“苏广”二字，就够不上号召的资格。

苏帮裁缝，在上海早年，很有相当势力，因为时常别出心裁，想出花样，前来供献考究服装的主顾。有几个被社会注目的人，穿了新花样的服装，出来兜一个风，那就你仿我效，一时蔚为风气，夸为风头之健；西谚有云：“好装饰者，裁缝匠之玩物也。”好似也在讥笑上海的风气。从前听说那时妇女的服装，要算妓家最为新奇，所以伊们握着服装的权威，规规矩矩的妇女们，醉心时髦，毫不以鱼目混珠为耻，情情愿愿，和伊们装成一般模样，方可符合出风头的条件。到了后来，妓家思想，逐渐落伍，不能随着时代之轮，日新月异地前进，同时，就有许多社交名媛，影星舞女，出而代执服装的权威，因为伊们的衣服，摹仿欧美，寓健康于袅娜，式样翻新，不落陈套，莫云日新月异之可美，且有朝红暮绿之可分，遂成妇女服装最摩登之典型，由此奠定了“时装”的基础，于是“时装”公司，应运而起。所谓“时装”，完全是欧美化的风格，不是苏帮广帮，所能操纵。因此，苏广成衣的势力，几有一蹶不振之势。幸而有几个聪明的“苏广”裁缝，竭力采求欧化，改换新法，就把一张尺寸单，加以改良，上摆中摆下摆，分成好几个阶段，量起尺寸来，一分五厘，都不敢马虎，所以直到现在，“苏广”成衣铺的命运，还可苟延残喘地下去。但是新婚的礼服，宴会跳舞游泳等等服装，以及外套大衣，则非光顾时装公司不可，“苏广”成衣铺对此只可望洋兴叹了！

…………

（选自《申报》1939 年 2 月 23 日）

帽史

□ 蒋吟秋

曾在本刊见过一篇《袜史》，说得很有趣，而《帽史》竟付缺如，未免头轻脚重，故是篇之作，也不过使头脚平均的意思，未知读者以为何如。

初光复的时候，大家把发辫剪去旧式的帽子不适用了。那时最通行的帽子有两种，一种是铜盆帽，四周有边的，一种是便帽，前面有鸭舌头的，都是用呢制的，质地虽粗，价钱却极贵。

后来帽子店里，就把从前的帽子改良了一下，制了一种尖顶帽子，可以折得小放得大，价钱既贱，又是国货，于是尖顶帽子，又风行一时了。

隔了几年，又把尖顶帽子改成圆顶了，因为尖顶太觉难看，那圆顶的瓜皮帽，又渐渐入时了。

那时圆顶瓜皮帽有三种，一种是纱的，一种是缎的，一种是绒的，现在却又多了一种呢的了。

近几年来圆顶的帽子，又将渐渐不时了，又时起平顶来了。其实平顶并不好看，无非帽店里翻花样罢了。

礼帽有二种，一种是圆顶的常礼帽，官场中和行礼时常用的，一种是高顶的大礼帽，那是要行最敬礼时用的了。

有一种平天冠，就是天上玉帝和灶君菩萨所戴的，民国时代，祭孔祭天，那主祭的官员，还用过他咧。冬天的帽子最复杂，除掉绒制小帽子外，还有什么西式呢帽咧、哈尔滨帽咧、獭绒帽咧。最讲究的，就是让为貂皮帽了。

现在又时行了一种秋帽，颜色各各不同，而以青灰的最多，可惜大都西洋货，戴用的人却不少，春秋两季最适用。

夏天的帽子又很多，普通最多的就是草帽，草帽从前大都浅顶阔边，现在却又都用高顶狭边了。又有一种龙须草帽，是最细最轻。近几年来，抵制东货，我国草帽公司，也渐渐改良了，也仿照秋帽式的草帽，不过一二年就要发黄罢了。

还有一种拿破仑帽，有用通草的，有不用通草的。用通草的，似乎太臃肿，还是不用通草的好些。

陆军式的操帽，除掉军警适用外，就是男学校的学生上操或排队时用了。陆军帽还有加上白毛的，用的是上级军官了。

童子军帽有两种，一种是布制的，一种是呢制的，讲到崇俭，自然用布的，要好看，却非呢的不可。

学校里近来又行一种白布帽，是运动时候戴的，现在街路上边，也有戴出来了。不过大都在夏天。

女子的帽子，也有几种，从前都用兜的，现在有一种兜帽，可惜戴的不大多。自制的绒绳帽，式样虽不同，用的却不少。

女学生也都喜欢戴绒绳帽，夏天也有用白布帽的。

风帽是现在不常见了。从前是披到肩背上的，现在就是老年人所用的改良风帽，也仅遮过颈部罢了。

箬帽是农人用的，雨天戴了，可以代替一柄伞，手里还可以做事拿东西，不过只好在大路宽道上走去，否则头上戴了一顶大箬笠，逢到小弄狭巷，那就大为不便了。最可奇的，就是前清时候所用的大帽，夏季叫凉帽，冬季叫暖帽，有红线帽纬的，好久不看见了，现在逢到喜庆丧事的时候，那些仆役，都用着他，不过没有翎顶罢了。

红黑帽是皂役辈所戴的，现在人家婚丧大事所用执事中，也还有咧。

铜帽子是救火队里的人所戴的，所以防物下坠，保护头部的，不过很重，戴了头部转动颇为不便咧。

毡帽仍旧是乡人用的最多，质地很坚久，不知为什么不肯改良。

小儿所用的帽子，在从前很多，有什么狗头帽咧，和尚帽咧，兔子帽咧，刘海帽咧，道巾帽咧……现在却大都用着不中不西的绒绳帽子。

僧人所用的帽子，是叫僧帽，道士所用的，是叫道巾，没有什么变更，仍旧和从前差不多。

其他法官有法官的帽子，水兵有水兵的帽子。都是特别的式样，与众不同的。

（选自《星期》1922 年第 42 期）

袜史

□ 妙因

袜是穿在脚上的，也是一件人生必用品，我今且把近几年来，袜的变迁历史说一说，这也是近代妆服志里的一件事啊。

要讲袜的历史，先分男袜与女袜，到了如今，男女袜渐渐混合起来了。我今先讲男子的袜。

从前我们瞧见老先生们所穿的袜，都是用土布做的，宽大非凡，而且都是长统，都裤子塞在里面，如今却已不多见了，或者戏剧所扮的副末脚色，还穿这种袜；其次，除非是几个和尚，也有穿这种袜的。后来自从洋布进口了，颜色比较土布白，质地比较土布细，而且他切这个袜梁，是用缝衣机器上做的，于是年纪轻的小伙子，都喜欢穿这种袜，可是老先生见了，还要呵责，说他用夷变夏，但不知瞧了现在的袜，不知又要感慨得什么样子。

这种洋布袜，以一种和兰布最相宜，时人又称他为和兰袜。当时五马路一带的袜店也不知有多少这种洋布袜，有短有长，短的更为流行。从前鞋子也有梁，袜子也有梁，所以这条梁要穿得必正，要是不修边幅的人，这袜梁便不知歪到那里，而袜也不大洗得干净。自从舶来品丝袜、纱袜各种进口以来，袜史上便起了一个大革命。

现在无男无女，都穿这种极薄的丝袜、纱袜了，要是再有人穿旧式的袜，大家都要说他是个阿木林了。丝袜初往中国的时候，质地似乎也要坚韧些。当时穿的人颜色不一，然而最繁的，也就是白的蓝的淡灰的藏青的几种，到了如今，各种别的颜色，又渐渐儿要淘汰了；最流行的是黑的，其次还是白的。穿不起丝袜或者嫌丝袜太不经穿，或者嫌丝袜太出风头，穿纱袜的人，自然是最普通的了。

从前到了冬天，老先生们都是穿的棉袜，实在太累赘了，两脚也显得非常之肥，所以少年人都忍寒不穿。后来绒布进口，便流行了绒布袜。到了如今，冬天有毛冷袜、羊毛袜，还有闺人自织的绒头绳袜，御寒的东西，也一步步的进化咧。

男子的袜讲过了，我今再讲女子的袜。

从前女子是缠足的，女子所穿的袜，概由自制，从来没有到店铺里去买的；缠足的女子，他里面还有裹脚带，外面的袜，于宽紧上很有伸缩的余地，所以非自制不可。他制袜的质地，普通也是那种白色的布，除非讲究的，也有用绫罗绸缎等料做的。古人的诗上有什么罗袜锦袜等名词，近世却很少见。不缠脚的乡下妇女，大概用青布做袜，但是到如今还仍其旧，他不受这放脚的潮流，所以还能保守旧征。

缠足时代的袜，没有出过大风头，因为女子不肯被人家瞧见脚，便是瞧见脚，也要先瞧见鞋子，袜还在鞋子包围中咧。后来渐有用白纺绸制袜。而以黑丝线切梁的，只有从前的赛金花。曾瞧见他穿过一双白绸底子绣黑蝶的袜，就是《孽海花》的回目上，有一回“脱黑蝶袜志士遂心”，便是这个故事了。

放足以后，大家妇女，都是穿丝袜了，因此妇女的袜，从没有在家里做的，都是在市上买的了。从前单穿白色的，如今五颜六色，都穿出来了。这种革命以后的新式袜，只怕女子的袜比男子还要消费大。他的颜色种类也格外多，女式袜中还有大红的、粉红的、玫瑰紫的浓厚的颜色，可是到如今，也渐渐淘汰了。归结还是穿黑色的居多数，其次还是白色，淡灰色也还好，粉红的流行于北方，大红的下等娼妓还有穿的。

丝袜的流行黑色，渐有男女统一之势；白色易污，大概只能穿一天，黑的似乎经济些，而且也不十分触目。薄如蝉翼，微露玉肌，钏影的诗上，称之为蝉袜，切当得很。古人称袜为藕覆，现在可改称之曰藕笼。

穿丝袜最宜于春秋佳日，冬夏都不甚相宜。但是现在也有补救之法了。冬天穿丝袜，哪里抵敌得住这老西北风，所以近年来女子足上生冻疮的多了。幸亏又流行了什么旗袍，稍资补救。夏天穿丝袜，原是最好，可是蚊子乘隙来在你脚上打针，幸亏现在大真河浜，热闹的地方蚊虫无由发生。

缠脚的女子，到底还没有绝迹，但是他们也要穿丝袜，却为难了。外面隐隐露出脚带，固然不好看，便是里面衬着袜套，也未必雅观。还有持经济主义的，买了丝袜来，做一个袜底。我想倘要如此，还是不穿丝袜，纱袜何妨将就呢。

时髦人穿的丝袜，不许有一丝皱痕，必定这袜紧贴在肌肉上。有许多从前倒袜统的人，现在也拥肿在踝骨上；这等人还是不穿丝袜的好。夏天女子往往穿一种长统丝袜，直到大腿以上，这是为裤管及裙子太短的缘故，恐防露出膝盖的救济法。

（选自《星期》杂志 1922 年第 20 期）

后记

十五年前，我以刘基研究为题做博士论文，建立以文学史的承传为纵向坐标、以地域文学（浙东、吴中、江西、闽、粤等）的比较为横向坐标的讨论框架，并由此悟及业余从事的地域文化研究如何突破地域桎梏的方法，又牢记着导师黄天骥教授微观切入见出宏观的教导，得一因缘，遂尝试从饮食文化角度切入探讨岭南文化发展的曲折历程，先写了一本古代部分的《岭南饕餮：广东饮膳九章》，后又利用大量的旧期刊等第一手资料，写了一本民国时期的《民国味道：岭南饮食的黄金时代》；两本书都是先期在《南方都市报》以专栏的形式刊布。而在搜集民国饮食文献的同时，因为衣与食的紧密相关度，发现了大量第一手的民国服饰文化资料。同时也发现，中国服饰文化研究，古代部分在沈从文先生等筚路蓝缕的启导下，已经很是深入了，近现代部分则还相对薄弱，因而生出撰述之意，也试图借此窥探民国的服饰文化与社会政治的关系。这一想法，得到南方都市报副刊部戴新伟君、刘炜茗君和侯虹斌女士的支持，又慷慨提供了第三个专栏——《民国衣冠》；本书就是专栏文章的结集，因此，首先应该感谢的当然就是他们三位了。

在写专栏时，侯虹斌女士反复告诫要通俗流畅，当时沉湎于学术追求而自觉不够，在校对书稿过程中，才深深感到有负侯女士的苦心。究其原因，主要还是学术驾驭能力不足，汲汲于彼，有损于此——我的行文原本还是流畅的，毕竟从2000年开始，写了好多年的时尚文化专栏。当然，与侯女士相比，那还差得远，故她的教导是要铭记不忘的。在此，也希望得到读者的宽宥，同时努力在下一个专题，或者下一个专栏——

《岭外风月》中，能有大的改观，以为回报。

这也是我在南方日报出版社出版的第四本书了，该社对我，真可谓有“栽培之恩”。尤其是谭庭浩、周山丹两位副社长，每一本书，从书名到篇名，从编排设计到章节分配，从章隔语撰写到行文的流畅与否，他们都“锱铢必较，耳提面命”，较之仓促间的专栏文字，确实增色不少。我努力以一本写得比一本好作为回报，他们则以一本比一本出得好作为奖赏；如此美妙之事，能不令人感激！前两本书，周山丹副社长亲任责任编辑，后来由史成雷兄接手，成雷兄民国史研究重镇南京大学历史系民国史方向研究生毕业，好学深思，为人诚笃，教我良多；出书而遇如此好的社长与责编，幸何如之。

2014 年 12 月 15 日